中等职业教育国家级示范学校校企合作建设成果

数控车床操作与加工

工作过程系统化教程

主　编　邱道权　王　佳

副主编　黄新宇　陈子强　叶丹群

中国·武汉

内容简介

本书根据《国家中等职业教育改革发展示范学校建设计划项目建设实施方案》，结合“全国数控技能大赛”和“广东省数控技能大赛”的经验，注重综合素质的培养和整体技能的提高。重点介绍了数控车床自动编程、机床操作和加工等多方面的内容。以加工工艺、编程和操作为核心内容，突出了系统性、实用性、通俗性。全书各部分联系紧密，并精选了大量经过实践验证的典型实例。

本书适合作为中等职业教育数控技术应用专业、模具设计与制造专业全日制或半工半读的中专、技校、职高学生的实训教材，也可作为数控车床操作人员以及从事数控加工技术人员的培训资料。

图书在版编目(CIP)数据

数控车床操作与加工工作过程系统化教程/邱道权　王　佳　主编．—武汉：华中科技大学出版社，2013.7

中等职业教育国家级示范学校校企合作建设成果

ISBN 978-7-5609-9359-1

Ⅰ.①数…　Ⅱ.①邱…　②王…　Ⅲ.①数控机床-车床-操作-中等专业学校-教材　②数控机床-车床-加工-中等专业学校-教材　Ⅳ.①TG519.1

中国版本图书馆 CIP 数据核字(2013)第 207543 号

数控车床操作与加工工作过程系统化教程　　　邱道权　王　佳　主编

策划编辑：王红梅
责任编辑：余　涛
封面设计：三　禾
责任校对：祝　菲
责任监印：周治超
出版发行：华中科技大学出版社(中国·武汉)
　　　　　武昌喻家山　　邮编：430074　　电话：(027)81321915
录　　排：武汉楷轩图文
印　　刷：华中理工大学印刷厂
开　　本：787mm×1092mm　1/16
印　　张：11
字　　数：280 千字
版　　次：2013 年 7 月第 1 版第 1 次印刷
定　　价：28.80 元

本书若有印装质量问题，请向出版社营销中心调换
全国免费服务热线：400-6679-118　竭诚为您服务
版权所有　侵权必究

前 言

本书以学校创建《国家中等职业教育改革发展示范学校建设计划项目建设实施方案》为指导，为促进学校内涵发展、加速专业建设、推动课程体系改革，按照国家职业标准，结合“数控车床零件加工”课程标准，与企业合作共同编写而成。主要内容涵盖了数控车床的操作与保养，数控车床轮廓类零件、数控车床槽类零件、数控车床螺纹类零件、数控车床综合类零件、数控车床配合类零件的加工及相关的工艺知识。

数控技术是现代制造技术的核心和标志。随着我国尤其是华南地区在世界制造业地位的日益提高，急需大量数控技术方面的复合型、高技术型、高技能型人才。随着数控车床的日趋普及，急需培养一大批能够熟练掌握数控车床编程、操作的应用型技术人才；同时，也是我国中等职业技术教育发展的迫切需要，为了适应这一需要，我们经过反复实践与总结，编写了《数控车床操作与加工工作过程系统化教程》一书。

本书结合“全国数控技能大赛”和“广东省数控技能大赛”的经验，注重学生综合素质的培养和整体技能的提高，重点介绍了数控车床自动编程、机床操作和加工等多方面的内容。以加工工艺、编程和操作为核心内容，突出了系统性、实用性、通俗性。全书各部分联系紧密，并精选了大量经过实践验证的典型实例。为了适应市场的需要，在数控系统选型上，注重了市场应用的普遍性。通过掌握典型数控系统的编程、操作和加工，让学生在今后的工作中能达到触类旁通的效果。

本书由学校与企业联合编写，深圳市和怡科技有限公司参与案例的工艺编写并提出宝贵意见。本书贯彻以学生为主体、以教师为主导、以项目为主线的教学理念，便于学生自主学习。本书适合作为中等职业教育数控技术应用专业、模具设计与制造专业全日制或半工半读的中专、技校、职高学生的实训教材，也可作为数控车床操作人员以及从事数控加工技术人员的培训资料。

本书共分六大项目，分别讲授了以下内容：

项目一　数控车床的操作与保养

项目二　数控车床轮廓类零件加工

项目三　数控车床槽类零件加工

项目四　数控车床螺纹类零件加工

项目五　数控车床综合类零件加工

项目六　数控车床配合类零件加工

本书由邱道权、王佳任主编，黄新宇、陈子强任副主编，同时邀请企业技术人员叶丹群担任副主编，深圳宝安职业技术学校卓良福数控工作室成员参编。本书在编写过程中，参考了国内外同行的有关资料、文献和教材，还得到了许多专家和同行的支持，在此一并表示感谢。

由于编者水平有限，以及数控技术的迅速发展，作为实践教学环节的教材又不可能有严格的系统性，所以对书中可能存在的不妥之处，希望读者批评指正。

编　者

2013 年 7 月

目 录

数控车床的操作与保养

数控车床的自动化程度很高，具有高精度、高效率和高适应性的特点，但其运行效率的高低、设备的故障率、使用寿命的长短等，在很大程度上取决于操作者。正确操作数控车床能保证设备长期、稳定、可靠的运行，提高加工效率和经济效益，延长机床的寿命。

通过本项目的学习和训练，学会操作两种不同系统（华中、FANUC）的数控车床，能够对加工零件进行正确、安全的操作。建议华中系统数控车床操作用9课时，FANUC系统数控车床操作用6课时。

知识目标

(1)了解数控车床基本结构和原理。
(2)了解数控车床开、关机的意义和回零原理。
(3)了解数控车床刀具知识。
(4)理解数控车床对刀的作用。
(5)掌握工件坐标系和 MDI、编程的作用。
(6)熟悉数控车床的安全生产和操作规程。

技能目标

(1)掌握数控车床开、关机和回零的正确操作。
(2)掌握数控车床夹具和工件安装的正确操作。
(3)掌握数控车床对刀的正确操作。
(4)掌握数控车床工作坐标系设置和编程的正确操作。
(5)掌握数控车床日常保养的正确操作。

素质目标

(1)培养学生良好的工作作风。
(2)培养学生良好的安全意识。
(3)培养学生的责任心和敬业精神。

任务一

华中数控系统数控车床操作

工作任务

(1)华中数控系统数控车床加工零件的操作。
(2)华中数控系统数控车床日常保养和维护。

相关知识

知识一　数控车床的基本组成及分类

1. 数控车床的基本组成

数控车床由数控装置、床身、主轴箱、刀架进给系统、尾座、液压系统、冷却系统、润滑系统、排屑器等部分组成,如图 1-1 所示。

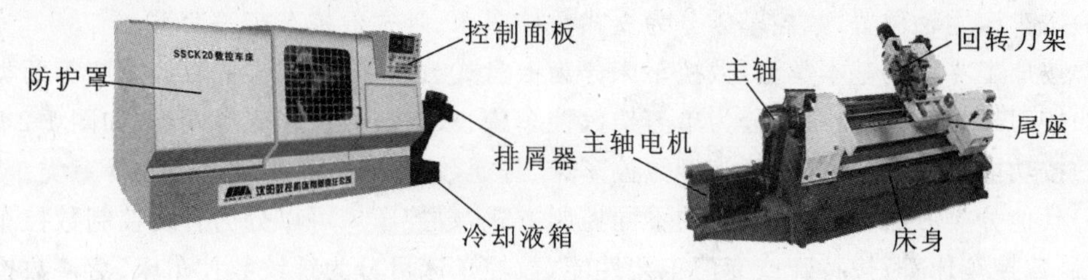

图 1-1　数控车床的基本组成

2. 数控车床的主要技术参数

数控车床的主要技术参数如表 1-1 所示。

表 1-1　CK6136 数控车床技术参数(案例)

序号	项　　目		技术参数
1	机床型号		CK6136 / 750
2	床身上最大工件回转直径		ϕ360 mm
3	拖板上最大工件回转直径		ϕ190 mm
4	最大工件长度		750 mm
5	最大车削长度		600 mm
6	主轴转速范围(变频、二挡无级)		75～2500(二级)
7	主轴通孔直径		ϕ50 mm
8	主轴锥孔		莫氏 6 号
9	主轴电机功率		5.5 kW(变频)
10	定位精度		0.01/300 mm
11	重复定位精度		±0.005 mm
12	刀架刀位数		4
13	车刀刀杆最大尺寸(长×高)		20 mm×20 mm
14	进给快移速度	纵向(Z)	5 m/min
		横向(X)	4 m/min
15	伺服电机额定转矩	纵向(Z)	7.5 N·m
		横向(X)	6 N·m
16	尾架套筒锥孔		莫氏 4 号
17	尾架套筒最大移动距离		120 mm
18	机床重量(毛重/净重)		1550/1380 kg
19	数控系统		HNC－21T 华中“世纪星”

3. 数控车床的分类

数控车床的分类方法较多,但通常都以与普通车床相似的方法进行分类。

(1)按车床主轴位置,数控车床分为立式数控车床、卧式数控车床等两类。

(2)按加工零件的基本类型,数控车床分为卡盘式数控车床、顶尖式数控车床等两类。

(3)按刀架数量,数控车床分为单刀架数控车床、双刀架数控车床等两类,如图 1-2 所示。

(4)按功能,数控车床分为经济型数控车床、普通数控车床、车削加工中心等三类。

(5)其他分类方法:按数控系统的不同控制方式,数控车床可以分为直线控制数控车床、两主轴控制数控车床等;按特殊或专门工艺性能,数控车床可分为螺纹数控车床、活塞数控车床、曲轴数控车床等多种。

(a)平行交错双刀架　　(b)垂直交错双刀架

图 1-2　组合形式的自动转位刀架

4. 数控车床的主要用途和适用范围

数控车床目前使用很广泛，主要用于加工轴类、盘类等回转体零件。通过数控加工程序的运行，可自动完成内外圆柱面、圆锥面、成形表面、螺纹和端面等工序的切削加工，并能进行车槽、钻孔、扩孔、铰孔等工作。车削加工中心可在一次装夹中完成更多的加工工序，提高了加工精度和生产效率，特别适用于形状复杂的回转类零件的加工。

知识二　数控车床安全生产和操作规程

1. 安全操作基本注意事项

(1)操作时应穿好工作服、安全鞋，戴好工作帽及防护镜，不允许戴手套操作机床；

(2)不要移动或损坏安装在机床上的警告标牌；

(3)不要在机床周围放置障碍物，工作空间应足够大；

(4)某一项工作如需要两人或多人共同完成时，相互间应协调一致；

(5)不允许采用压缩空气清洗机床、电气柜及 NC 单元。

2. 操作前的安全准备工作

(1)机床工作前要有预热，认真检查润滑系统工作是否正常，如机床长时间未开动，可先采用手动方式向各部分供油润滑；

(2)使用的刀具应与机床允许的规格相符，有严重破损的刀具要及时更换；

(3)整理刀具，所用工具不要遗忘在机床内；

(4)大尺寸轴类零件的中心孔是否合适，若中心孔太小，则工作中易发生危险；

(5)刀具安装好后应进行一、二次试切削。

(6)检查卡盘夹紧工作的状态；

(7)机床开动前，必须关好机床防护门。

3. 操作过程中的安全注意事项

(1)禁止用手接触刀尖和铁屑，铁屑必须要用铁钩子或毛刷来清理；

(2)禁止用手或其他任何方式接触正在旋转的主轴、工件或其他运动部位；
(3)禁止加工过程中测量工件及变速，用棉丝擦拭工件、清扫机床；
(4)车床运转中，操作者不得离开岗位，发现机床异常现象应立即停车；
(5)经常检查轴承温度，温度过高时应找有关人员进行检查；
(6)在加工过程中，不允许打开机床防护门；
(7)严格遵守岗位责任制，机床由专人使用，他人使用须经本人同意；
(8)工件伸出车床 100 mm 以外时，须在伸出位置设防护物。

4. 操作完成后的注意事项

(1)清除切屑、擦拭机床，使机床与环境保持清洁状态；
(2)注意检查或更换机床导轨上磨损的刮油板；
(3)检查润滑油、冷却液的状态，及时添加或更换；
(4)依次关掉机床操作面板上的电源和总电源。

知识三 日常保养和维护

设备的维护和保养是保持设备处于良好工作状态，延长使用寿命，减少停工损失和维修费用，降低生产成本，保证生产质量，提高生产效率所必须进行的日常工作。对于高精度、高效率的数控车床而言，维护更显得重要。其基本要求应做到如下几点。

完整性：数控车床的零部件齐全，工具、附件、工件放置整齐；线路管道完整。

洁净性：数控车床内外清洁，无黄斑、无黑污、无锈蚀；各滑动面、丝杆、齿条、齿轮等处无油污、无碰伤；各部位不漏油、不漏水、不漏气、不漏电；切削垃圾清扫干净。

灵活性：为保证部件灵活性，必须按数控车床润滑标准，定时定量加润滑油、换润滑油；润滑油质量要符合要求；油壶、油枪、油杯、油嘴齐全；油毡、油线清洁，油标明亮，油路畅通。

安全性：严格实行定人定机和交接班制度；操作者必须熟悉数控车床结构，遵守操作维护规程，合理使用，精心维护，监测异常，不出事故；各种安全防护装置齐全可靠，控制系统正常，接地良好，无事故隐患。

数控车床的日常维护保养主要项目如表 1-2 所示。

表 1-2 数控车床日常维护项目

序号	检查周期	检查部位	检查要求
1	每天	导轨润滑油箱	检查油量，不足时及时添加润滑油；润滑油泵是否定时启动打油及停止
2	每天	主轴润滑恒温油箱	工作是否正常，油量是否充足，温度范围是否合适
3	每天	机床液压系统	油箱泵有无异常噪声，工作油面高度是否合适，压力表指示是否正常，管路及各接头有无泄漏
4	每天	压缩空气气源压力	气动控制系统的压力是否在正常范围之内
5	每天	X、Z 轴导轨面	清除切屑和脏物，检查导轨面有无划伤损坏，润滑油是否充足

续表

序号	检查周期	检查部位	检查要求
6	每天	各防护装置	机床防护罩是否齐全有效
7	每天	电气柜各散热通风装置	各电气柜中冷却风扇是否工作正常，风道过滤网有无堵塞，及时清洗过滤器
8	每周	各电气柜过滤网	清洗黏附的尘土
9	不定期	冷却液箱	随时检查液面高度，不足时及时添加冷却液，太脏应及时更换
10	不定期	排屑器	经常清理切屑，检查有无卡住现象
11	半年	检查主轴驱动传动带	按说明书要求调整传动带松紧程度
12	半年	各轴导轨上镶条，压紧滚轮	按说明书要求调整松紧状态
13	一年	检查和更换电动机碳刷	检查换向器表面，去除毛刺，吹净碳粉，磨损过多的碳刷及时更换
14	一年	液压油路	清洗溢流阀、减压阀、滤油器、油箱，过滤液压油或更换
15	一年	主轴润滑恒温油箱	清洗过滤器、油箱，更换润滑油
16	一年	冷却油泵过滤器	清洗冷却油池，更换过滤器
17	一年	滚珠丝杠	清洗丝杠上旧的润滑脂，涂上新油脂

知识四　数控车床开、关机的意义和回零原理

数控车床的开机不同于一般机器的开机——通电即可正常使用。数控机床有别于其他机械设备的不同之处在于它们拥有系统软件，因此其开机原理与计算机开机的原理基本相同——通电开始时要进行内存、存储器、串口、并口等硬件检测，系统确认无误后会在显示屏上显示基础硬件的信息，进而进入数控软件系统初始化。正确的开机对数控车床的正常使用和寿命有着非常重要的意义，所以我们要学习并应用正确的开、关机操作步骤。

机床坐标系的原点也称机械原点或零点，这个原点是机床固有的点，在机床制造出来时就已经确定，不能随意改变。机床启动前，通常要进行机动或手动回零。所谓回零，就是指运动部件回到正向极限位置，这个极限位置就是机械原点（零点）。数控机床在接通电源后要进行回零操作，这是因为数控机床断电后，就失去了对各坐标位置的记忆，所以在接通电源后，要让各坐标回到机械原点，并记住这一初始位置，从而使机床恢复位置记忆。

知识五　数控车床对刀的作用

数控车床对刀的过程就是建立工件坐标系与机床坐标系之间的关系的过程。数控车床常见的是将工件端面中心点设为工件坐标系原点。对刀的目的是确定程序原点在机床坐标系中的位置，并将对刀数据输入到相应的存储位置。对刀点可以设在零件上、夹具上或机床上，对刀时应使对刀点与刀位点重合。对刀是数控加工中最重要的操作内容，其准确性将直接影响零件的加工精度。

知识六 工件坐标系和MDI的作用

工件坐标系是编程人员在编程时使用的，由编程人员以工件图样上的某一点为原点所建立的坐标系。编程尺寸都按工件坐标系中的尺寸确定，它是可以用程序指令设置和改变的。一般情况下，工件坐标系原点可选择对称中心和圆形工件的圆心，非规则零件则可以图样尺寸基准点为工件坐标系原点；Z 轴的工件坐标系原点通常设在工件的上表面。

MDI(Manual Data Input)即手动数据输入方式。数控机床的有三种工作方式：手动、MDI和自动。在MDI方式下可以从CRT/MDI面板直接输入并执行单个程序代码段，且被输入并执行的程序段不必存入程序存储器。在自动运行状态下，程序不能直接进入MDI方式，必须按下“进给保持”键后方可进入。

知识七 数控车床程序编辑

数控车床能自动地加工工件，但不能自动地“创造”出用于控制机床加工动作的程序，数控程序必须人为地输入数控车床的数控系统。数控程序代码是数控车床之所以能加工出我们期待的产品的核心——操作者要告诉数控车床应该怎样确定走刀路径，在每一次走刀路径上应该如何切削工件以及切削多少。所以，数控车床进行加工之前要进行编程。本书中，通过具体加工操作来学习编程的相关知识。

任务实施

实施一 目的及要求

(1)培养学生良好的工作作风和安全意识。

(2)培养学生的责任心和团队精神。

(3)学会华中系统数控车床操作流程。

(4)学会华中系统数控车床的保养和维护。

实施二 设备与器材

设备和器材的明细如表1-3所示。

表 1-3　设备和器材明细

项　　目	名　　称	规　　格	数　　量
设备	数控车床	华中系统	8～10 台
夹具	三爪卡盘	250 mm	8～10 台
刀具	90°外圆车刀	YT15	8～10 把
备料	塑料棒	ϕ50×100	8～10 根
其他	毛刷、扳手、垫片等	配套	一批

实施三　内容与步骤

1. 开机

第 1 步：检查机床状态是否正常、电源电压是否符合要求以及接线是否正确。

第 2 步：按下急停按钮，如图 1-3 所示。

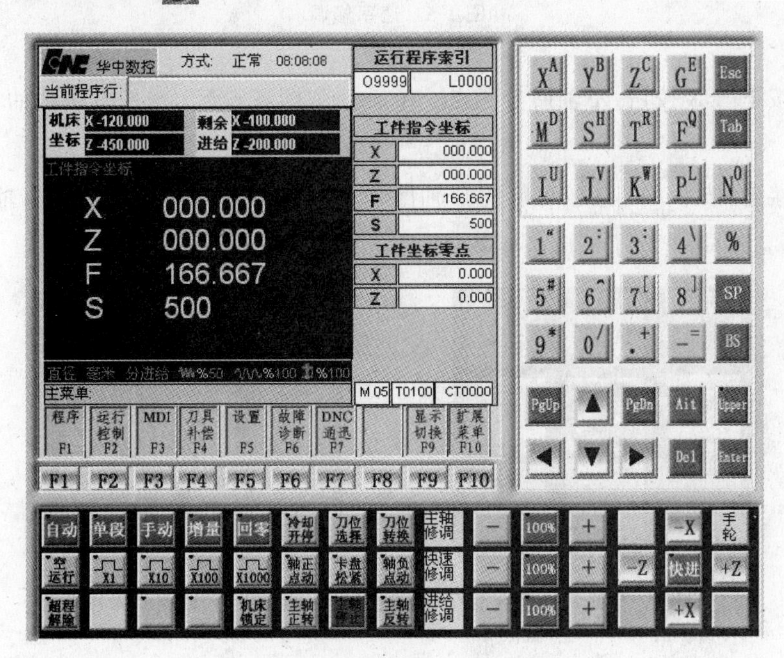

图 1-3　华中世纪星数控车床操作面板

第 3 步，依次合上总电源开关、稳压器开关和机床控制柜开关。

第 4 步：检查风扇电机运行和面板指示灯是否正常。

第 5 步：左旋并拔起面板右上角的急停按钮，让数控系统复位。

2. 回零

第 1 步：按一下控制面板上面的[回零]按钮，确保系统处于“回零方式”，如图 1-4 所示。

图 1-4　回参考点

第 2 步：调整进给修调和快速修调右边[－]按钮，选择较小的快速进给倍率，如图 1-5 所示。

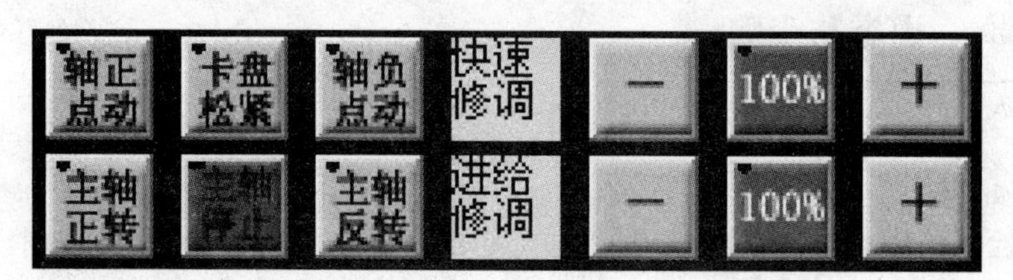

图 1-5　速率修调

第 3 步：按下[＋X]按钮，*X* 轴回参考点。*X* 轴回到参考点后，[＋X]按钮内的指示灯亮，如图 1-6 所示。

第 4 步：接着，按下[＋Z]按钮可以使 *Z* 轴回到参考点，如图 1-7 所示。所有轴回参考点后按钮内指示灯亮起，即建立了机床坐标系，回零成功。

图 1-6　*X* 轴回参考点

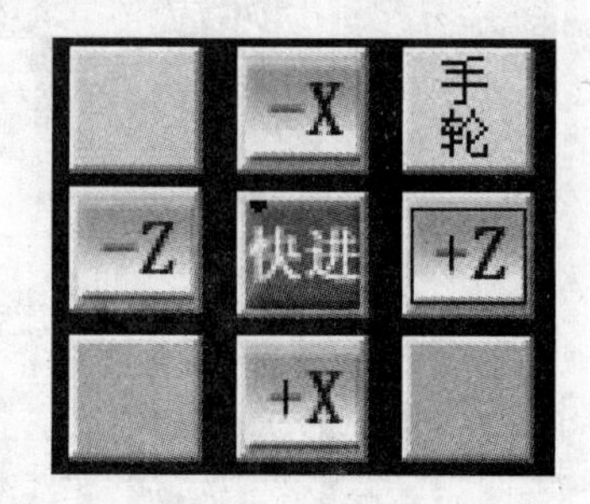

图 1-7　*Z* 轴回参考点

3. 安装工件

第 1 步：松开三爪卡盘到合适大小，清理卡爪内切屑和脏物。

第 2 步：右手拿住工件一端并将工件另一端慢慢放入三爪卡盘内适当位置，左手拿起卡盘扳手单手轻锁三爪卡盘，如图 1-8 所示。

第 3 步：测量工件伸出长度将其微调到合适位置，如图 1-9 所示。

第 4 步：确认无误后双手握住卡板扳手将卡板进行最终锁紧。

图 1-8　装工件

图 1-9　装夹测量

4. 安装刀具

第 1 步：清理车刀和垫片，将顶尖放入车床尾座中，如图 1-10 所示。

第 2 步：将刀架松开，将刀具平放在刀架内，移动刀架使车刀刀尖靠近顶尖，如图 1-11 所示。

图 1-10　装顶尖

图 1-11　对刀尖

第 3 步：观察车刀刀尖与顶尖头端中心是否在同一高度，如果高度不同可通过调整垫片高度使其一致，然后将调整好的刀具及垫片拿下，取下顶尖，如图 1-12 和图 1-13 所示。

图 1-12　看中心高

图 1-13　正确的垫刀高度

第 4 步：把工作状态调整到手动，按下 刀位选择 按钮选择 1 号刀位，按下 刀位转换 按钮使机床刀架转到 1 号刀位，如图 1-14 所示。

第 5 步：将准备好的车刀及垫片平放入 1 号刀位内并调整到合适位置，用刀架扳手锁紧车刀，如图 1-15 所示。

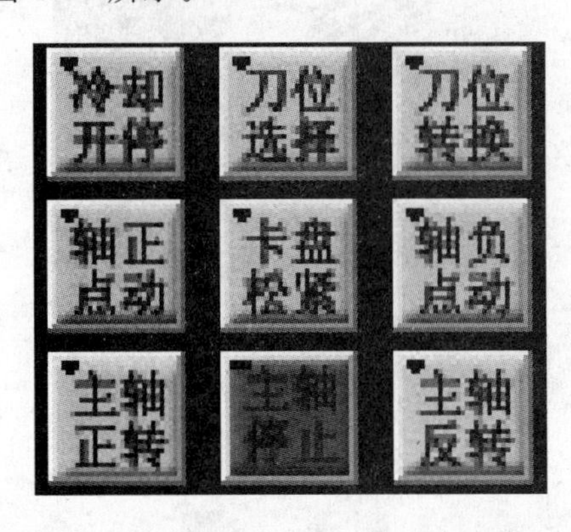

图 1-14　换刀

图 1-15　装刀

5. 试切对刀

第 1 步：选择数控系统显示界面的相对坐标系。按下 F10（菜单）按钮进入主菜单，按 F4（刀具设置）⟶按 F1（刀偏表）⟶OK，如图 1-16 所示。

华中数控　加工方式：自动　运行正常　16:16:47

当前加工行：g92 x100 z80 ；考机程序

绝对刀偏表：

刀偏号	X偏置	Z偏置	X磨损	Z磨损	试切直径	试切长度
#0001	0.000	0.000	0.000	0.000	0.000	0.000
#0002	0.000	0.000	0.000	0.000	0.000	0.000
#0003	0.000	0.000	0.000	0.000	0.000	0.000
#0004	0.000	0.000	0.000	0.000	0.000	0.000
#0005	0.000	0.000	0.000	0.000	0.000	0.000
#0006	0.000	0.000	0.000	0.000	0.000	0.000
#0007	0.000	0.000	0.000	0.000	0.000	0.000
#0008	0.000	0.000	0.000	0.000	0.000	0.000
#0009	0.000	0.000	0.000	0.000	0.000	0.000
#0010	0.000	0.000	0.000	0.000	0.000	0.000
#0011	0.000	0.000	0.000	0.000	0.000	0.000
#0012	0.000	0.000	0.000	0.000	0.000	0.000
#0013	0.000	0.000	0.000	0.000	0.000	0.000

直径　毫米　分进给　100%　100%　100%

绝对刀偏表编辑：

运行程序索引：1　1

机床实际坐标：X 0.000；Z 0.000；F 0.000；S 0

工件坐标零点：X 0.000；Z 0.000

辅助机能：M00　T0000　CT00　ST00

X轴置零 F1　Z轴置零 F2　刀架平移 F5　返回 F10

图 1-16　刀偏表

第 2 步：在主菜单中按下 F3，进入 MDI 方式，如图 1-17 所示；手动输入 M3S500，按下 循环启动，转速为 500 r/min，如图 1-18 所示。

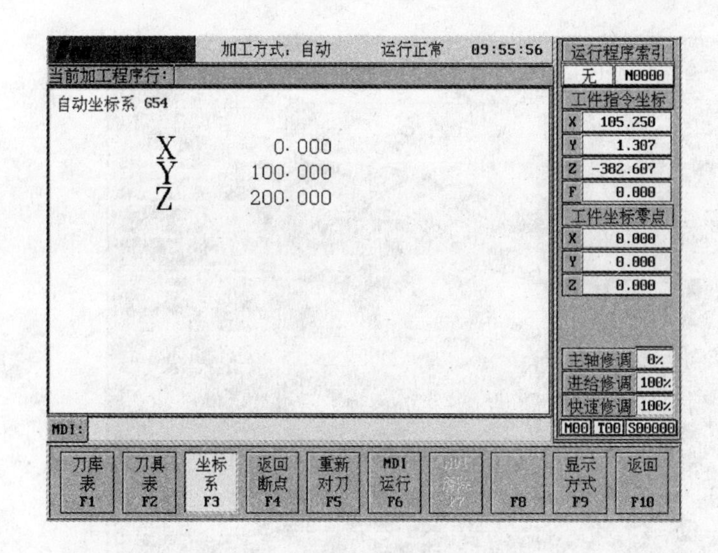

图 1-17　进入 MDI 模式

图 1-18　输入指令

第 3 步：按 增量 按钮，液晶显示屏显示工作方式为“手摇”，把进给速度调整为 X100，将车刀移动到靠近工件右侧端面如图 1-19(a)所示位置。按 Z+ 按钮顺时针移动手轮使车刀切到工件。将进给速度调整为 X10，按 X+ 按钮顺时针移动手轮使车刀试切工件右端面直至切到工件中心。逆时针转动手轮使车刀退出工件表面，按 主轴停止 按钮观察工件表面是否光滑平整，如不平整，重复上述动作直到工件右端平整，如图 1-19 所示。

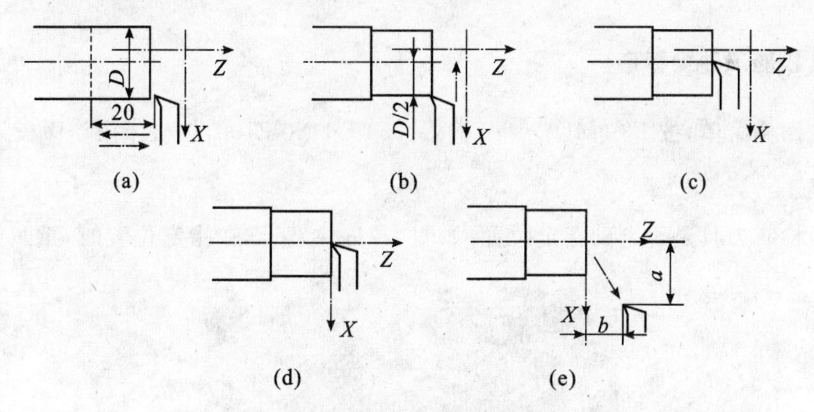

图 1-19　试切对刀操作图解

第 4 步：回到数控系统，找到 1 号刀位那一行，在试切长度一栏输入“0”并按 Enter 键确认，如图 1-20 所示。

第 5 步：把进给速度调整为 X100，按 X+ 按钮将车刀移动到如图 1-19(a)所示位置，然后将进给速度调整为 X10，按 Z+ 按钮顺时针移动手轮使车刀试切一小段工件外圆面。将进给速度调整为 X100，逆时针移动手轮使车刀向右远离工件并停止主轴。

华中数控 加工方式：自动 运行正常 16:16:47

当前加工行：g92 x100 z80 ；考机程序

绝对刀偏表：

刀偏号	X偏置	Z偏置	X磨损	Z磨损	试切直径	试切长度
#0001	0.000	0.000	0.000	0.000	0.000	0.000
#0002	0.000	0.000	0.000	0.000	0.000	0.000
#0003	0.000	0.000	0.000	0.000	0.000	0.000
#0004	0.000	0.000	0.000	0.000	0.000	0.000
#0005	0.000	0.000	0.000	0.000	0.000	0.000
#0006	0.000	0.000	0.000	0.000	0.000	0.000
#0007	0.000	0.000	0.000	0.000	0.000	0.000
#0008	0.000	0.000	0.000	0.000	0.000	0.000
#0009	0.000	0.000	0.000	0.000	0.000	0.000
#0010	0.000	0.000	0.000	0.000	0.000	0.000
#0011	0.000	0.000	0.000	0.000	0.000	0.000
#0012	0.000	0.000	0.000	0.000	0.000	0.000
#0013	0.000	0.000	0.000	0.000	0.000	0.000

直径 毫米 分进给 100% 100% 100%

绝对刀偏表编辑：

运行程序索引 1 1

机床实际坐标 X 0.000 Z 0.000 F 0.000 S 0

工件坐标零点 X 0.000 Z 0.000

辅助机能 M00 T0000 CT00 ST00

X轴置零 F1 | Z轴置零 F2 | 刀架平移 F5 | 返回 F10

图 1-20 刀补表

第 6 步：用游标卡尺测量工件试切外圆面直径并将读数输入系统 1 号刀位“试切直径”选项内，如图 1-20 所示。

6. 校验（校验工件坐标系）

第 1 步：回主菜单，按 F3（MDI）⟶ 输入 G54 G1 X0 Z100，按机床操作面板 单段 ⟶按 循环启动 键。

第 2 步：检查刀具是否走到指定位置，如图 1-21（注意：不在指定位置时，重复上述步骤重新操作）。

图 1-21 校验位置

7. 编程

第 1 步：按主菜单[F5](返回)⟶按[F2](编辑程序)⟶按[F3](新建程序)⟶手动输入以字母“O”开头的程序名字⟶按[Enter]键。

第 2 步：手动输入如下程序。

```
%0001
G0 X100 Z100
T0101
M3 S800
G0 X-51 Z3
G1 X0 F100
Z0
X49 C1
Z-30
G0 X100
Z100
M30
```

第 3 步：按[F4](保存程序)⟶按[Y](Yes)⟶按[Enter]键，保存程序成功，编辑完成。

8. 程序校验试加工

第 1 步：按[自动](或按[单段])⟶按[F5](程序校验)⟶按[F9](显示切换，将显示屏操作界面的工作方式变为图形页面显示)⟶按[循环启动]按钮。

9. 关机

第 1 步：按下控制面板上的“急停”按钮，断开伺服系统的电源与控制信号。
第 2 步：按下数控系统控制面板上的红色电源按钮。
第 3 步：断开机床控制柜电源。
第 4 步：断开电源总开关。

10. 机床保养

第 1 步：按要求摆放刀具、量具和机床配件。
第 2 步：清理夹具、导轨、工作台和防护门上的切屑等脏物。

考核评价

考评一 考核检验

学习华中数控系统数控车床操作的考核评价如表 1-4 所示。

表 1-4 考核评价表

项　　目	序号	考核内容及要求	学生自评	学生互评	教师评价
数控车床开机操作	1	检查机床状态的电源电压是否符合要求、接线是否正确，按下急停按钮			
	2	机床开关上电、数控系统上电			
	3	检查风扇电机运转和面板上的指示灯是否正常			
数控车床回参考点操作及注意事项	4	检查是否为“回零”方式			
	5	回零坐标轴顺序，先 X 轴后 Z 轴			
	6	检查回零坐标轴的指示灯是否亮			
	7	检查工件坐标系，正确应为 X0、Z100			
	8	回零超程的解除方法			
工件安装及试切对刀	9	正确安装工件的方法			
	10	正确安装刀具的方法			
	11	正确试切对刀的操作技能			
工件坐标系校验	12	检查设置工件坐标系的正确性			
编程	13	新建、保存程序的操作技能			
	14	编辑、修改程序的操作技能			
	15	键盘使用的熟练程度和简单程序的掌握			
校验程序	16	掌握校验程序操作流程的技能			
	17	学会看校验程序的轨迹图			
	18	判断加工程序正确性并修改			
数控车床关机、保养机床	19	按下控制面板上的“急停”按钮，断开伺服电源			
	20	先断开数控电源，后断开机床电源			
	21	清洁和保养机床			
综合评价	22	考核评价标准：(优、良、中、合格、不合格) 纪律评价(20%)　　考核评价(80%)			
签名	学生自评签名(　　)学生互评签名(　　)教师评价签名(　　)				

考评二　学习反思

对华中数控系统数控车床操作的学习反思如表 1-5 所示。

表 1-5　学习反思类型及内容

类　型	内　容
掌握知识	
掌握技能	
收获体会	
需解决的问题	
学生签名	

考评三　评价成绩

学习华中数控系统操作数控车床的评价如表 1-6 所示。

表 1-6　评价及成绩

学生自评	学生互评	综合评价	实训成绩	
			技能考核(80%)	
			纪律情况(20%)	
			实训总成绩	
			教师签名	

拓展内容

拓展一　急停与超程解除

机床运行过程中，出现危险或紧急情况时按下“急停”按钮，CNC 即进入急停状态，此时工作控制柜内伺服驱动系统的电源被切断，进给伺服系统及主轴伺服系统立即停止工作；当左旋松开“急停”按钮后按钮会自动跳起，CNC 进入复位状态。但是，解除紧急停止前，先确认故障已经排除；在急停状态解除后，应重新执行回参考点操作以确保机床坐标系的正确性。为提高数控机床的使用寿命，应特别注意在通电开机和断电关机之前都应按下“急停”按钮，以减少瞬时电流跃升对设备的电冲击。

在工作台伺服进给驱动轴行程的两端各有一个极限开关，作用是防止伺服进给驱动系统失灵导致机械性碰撞而损坏设备。所以每当伺服机构碰到行程极限开关时就会出现超程报警现象，当某轴出现超程时“超程解除”按钮内指示灯亮，系统自动进入急停状态。要退出超程状态时，操作步骤如下。

第 1 步：松开“急停”按钮置工作方式为手动或手摇方式。

第 2 步：一直按压“超程解除”按钮，控制器会暂时忽略超程的紧急情况。

第 3 步：在手动（手摇）方式下使该轴向相反方向移动一定的距离，退出超程状态。

第 4 步：松开“超程解除”按钮。若显示屏上运行状态栏“运行正常”取代了“出错”，表示恢复正常可以继续操作。

注意：在操作机床退出超程状态时，请务必注意移动的方向及速率，以免发生撞机。

拓展二　数控机床的坐标系

1. 刀具相对工件运动

相对于地面来说，机床上实际的进给运动部件可以是刀具，也可以是工件。华中系统规定，数控机床中描述机床坐标系时是刀具运动，工件静止，即刀具相对于工件运动。由于工件是静止的，数控程序中记录的走刀路线是刀具运动的路线，只要依据零件图样就可以进行编制记录刀具运动的数控程序。

刀具运动的正方向是使刀具远离工件的方向，数控车床各轴正方向的具体规定如下。

（1）Z 轴为机床的主轴方向，刀具远离工件的方向为 Z 轴正向。

（2）X 轴是水平垂直于工件轴心的方向，对于前置刀架数控车床，从工件水平方向看，刀具远离工件的方向为 X 轴正向。

2. 机床坐标系

机床坐标系的原点也称机械原点或零点，这个原点是机床固有的点，在机床制造出来时就已经确定，不能随意改变。机床启动前，通常要进行机动或手动回零。所谓回零，就是指运动部件回到正向极限位置，这个极限位置就是机械原点（零点）。数控机床在接通电源后要进行回零操作，这是因为数控机床断电后，就失去了对各坐标位置的记忆，所以在接通电源后，要让各坐标回到机械原点，以此点为原点建立机床坐标系，并记住这一初始位置，从而使机床恢复位置记忆，如图 1-22 所示。

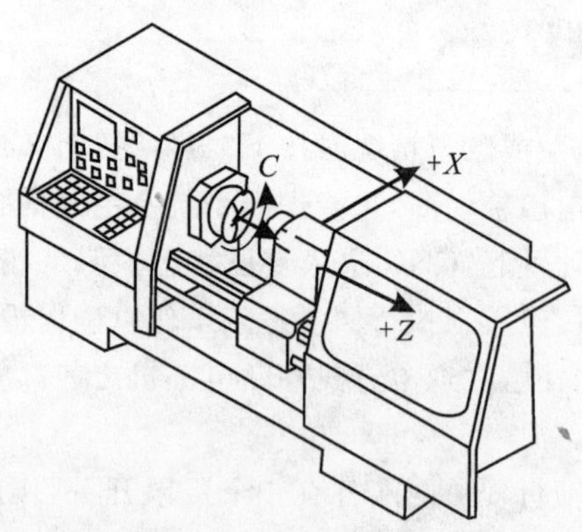

图 1-22　数控车床各轴正方向

3. 工件坐标系及程序原点

编程时一般是选择工件上的某一点作为程序原点(或程序零点),并以这个原点作为坐标系的原点,建立一个新的坐标系,该坐标系称为工件坐标系。工件坐标系一旦建立便一直有效,直到被新的工件坐标系所取代。加工开始时要设置工件坐标系,设定工件坐标系 X_p、O_p、Z_p的目的是为了编程方便。设置工件坐标系原点的原则是尽可能选择在工件的设计基准和工艺基准上,工件坐标系的坐标轴方向与机床坐标系的坐标轴方向保持一致。在数控车床中,如图 1-23 所示,程序原点 O_p一般设定在工件的右端面与主轴轴线的交点上。

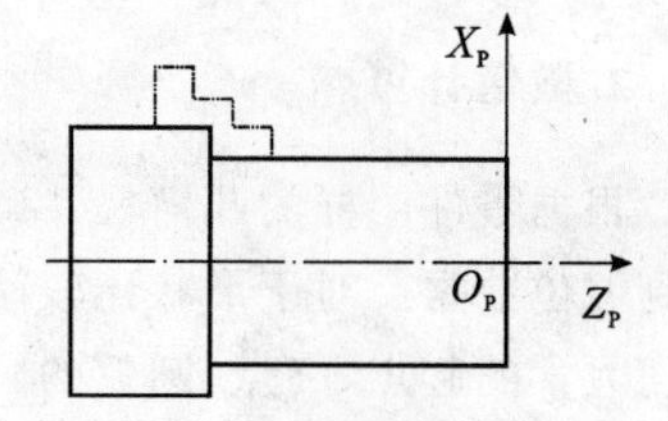

图 1-23　数控车床工件坐标系及程序原点

4. 相对坐标系

为了方便设置工件坐标系,不需要烦琐地计算机床坐标系的坐标值,只是临时将相对坐标系的某一轴起点坐标值设为 0,终点坐标值是以起点坐标值开始计算的,相当于一把尺子,可以很清楚地读出坐标值数据,这个坐标系就称为相对坐标系。相对坐标系可以简单理解成是坐标系里面的坐标系。

拓展三　数控编程的概述

数控编程是把零件的工艺过程、工艺参数、机床的运动以及刀具参数用数控语言记录在程序单上的全过程。图 1-24 所示的是程序编制步骤。

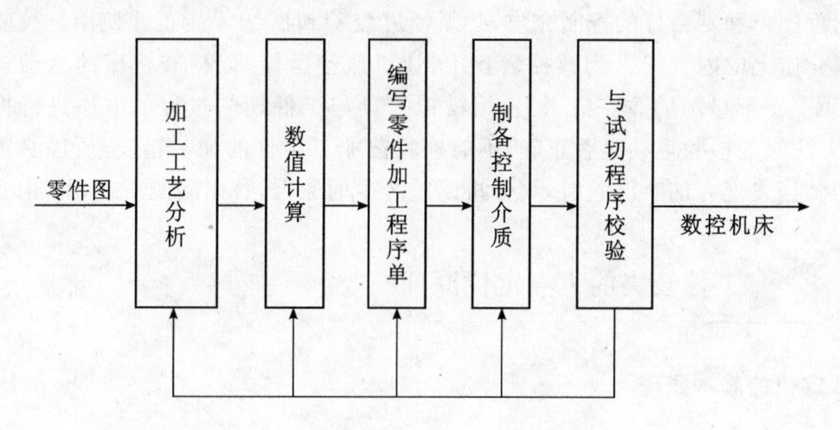

图 1-24　程序编制的步骤

一般来说,程序编制包括以下几个方面的工作。

1. 加工工艺分析

编程人员首先要根据零件图样,对零件的材料、形状、尺寸、精度和热处理要求等进行加工工艺分析。合理地选择加工方案，确定加工顺序、加工路线、装夹方式、刀具及切削参数等；同时还要考虑所用数控机床的指令功能，充分发挥机床的效能；加工路线要短，要正确地选择对刀点、换刀点，减少换刀次数。

2. 数值计算

根据零件图样的几何尺寸确定工艺路线并设定坐标系，计算零件粗、精加工运动的轨迹，得到刀位数据。对于形状比较简单的零件（如直线和圆弧组成的零件）的轮廓加工，要计算出几何元素的起点、终点、圆弧的圆心、两几何元素的交点或切点的坐标值，有的还要计算刀具中心的运动轨迹坐标值。对于形状比较复杂的零件（如非圆曲线、曲面组成的零件），需要用直线段或圆弧段逼近，根据加工精度的要求计算出节点坐标值，这种数值计算一般要用计算机来完成。

3. 编写零件加工程序单

加工路线、工艺参数及刀位数据确定以后，编程人员根据数控系统规定的功能指令代码及程序段格式，逐段编写加工程序单。此外，还应附上必要的加工示意图、刀具布置图、机床调整卡、工序卡以及必要的说明。

4. 制备控制介质

把编制好的程序单上的内容记录在控制介质上，作为数控装置的输入信息，通过程序的手工输入并使用移动存储器或通信设备送到数控系统。

5. 程序校核与试切

编写的程序单和制备好的控制介质，必须经过校验和试切才能正式使用。校验的方法是直接将控制介质上的内容输入到数控装置中，让机床空运转，以检查机床的运动轨迹是否正确。在有 CRT 图形显示的数控机床上，用模拟刀具与工件切削过程的方法进行检验更为方便，但这些方法只能检验运动是否正确，不能检验被加工零件的加工精度，所以必须进行零件的首件试切。当发现有加工误差时，要分析误差产生的原因，找出问题所在，并加以修正。

拓展四 工件装夹的六点定位原理

1. 工件定位的基本原理

用合理分布的六个支承点限制工件六个自由度的法则，称为六点定位原理。六点定位的定位支承点起到限制工件自由度的作用，可理解为定位支承点与工件定位基准面始终保持紧贴接触。一个定位支承点仅限制一个自由度，一个工件有六个自由度，所设置的定位支承点数目原则上不应超过六个，如图 1-25 所示。需特别指出的是，分析定位支承点的定位作用时，不考虑力的影响，夹紧和定位是完全不同的两个概念，如图 1-26 所示。

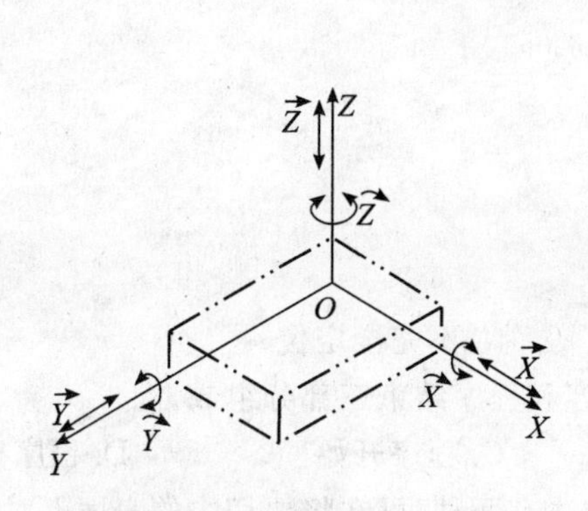

图 1-25　工件的六个自由度

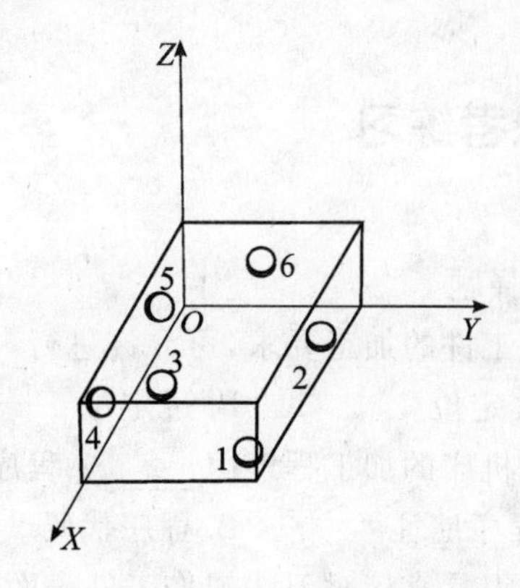

图 1-26　长方体形工件的定位

2. 工件定位中的几种情况

(1)完全定位:工件的六个自由度全部被限制的定位。

(2)不完全定位:根据工件的加工要求,并不需要限制工件的全部自由度的定位。

(3)欠定位:根据工件的加工要求,应该限制的自由度没有完全被限制的定位,加工过程中是不允许出现这种情况的。

(4)过定位:夹具上的两个或两个以上的定位元件,重复限制工件的同一个或几个自由度的现象。过定位可能导致的后果是工件无法正确安装、造成工件和定位元件变形。在定位工件中,应该消除或减小过定位所引起的干涉。可以通过改变定位元件的结构,使定位元件重复限制自由度的部分不起定位作用;合理应用过定位,提高工件定位基准之间以及定位元件的工作表面之间的位置精度。

拓展五　车间 5S 管理

5S 管理就是整理(seiri)、整顿(seiton)、清扫(seiso)、清洁(setketsu)、素养(shitsuke)五个项目,因日语的罗马拼音均以“S”开头而简称 5S 管理。5S 管理起源于日本,通过规范现场、现物,营造一目了然的工作环境,培养员工良好的工作习惯,其最终目的是提升人的品质,养成如下所列的良好的工作习惯。

(1)革除马虎之心,凡事认真(认认真真地对待工作中的每一件“小事”);

(2)遵守规定;

(3)自觉维护工作环境整洁明了;

(4)文明礼貌 。

没有实施 5S 管理的工厂,现场脏乱,如地板黏着垃圾、油渍或切屑等,日久形成污黑的一层,零件与箱子乱摆放,起重机或台车在狭窄的空间里游走。再如,好不容易引进的最新式设备也未加维护,经过数个月之后,也变成不良的机械,要使用的工夹具、计测器也不知道放在何处等等,显现了脏污与零乱的景象。员工在作业中显得散漫,规定的事项,也只有起初两三天遵守而已。改变这样的工厂面貌,实施 5S 管理活动最为适合。

思考练习

一、选择题

1. 根据工件的加工要求，可允许进行______。

A. 欠定位　　B. 过定位　　C. 不完全定位

2. 数控机床的加工程序由______、程序内容和程序结束三部分组成。

A. 程序地址　　B. 程序代码　　C. 程序开始　　D. 程序指令

3. 避免刀具直接对刀法损伤工件表面的方法有两种：可在将要切去的表面上对刀；在工件与刀具端面之间垫一片箔纸片，避免______与工件直接接触。

A. 主轴　　B. 工作台　　C. 浮动测量工具　　D. 刀具

4. 数控车床零点，由制造厂调试时存入机床计算机，一般情况该数据______。

A. 临时调整　　B. 能够改变　　C. 永久存储　　D. 暂时存储

5. 建立工件坐标系指令 G54 需用到数值是______。

A. 返回参考点时的机床坐标数值　　B. 工件坐标系原点相对刀具的偏移量

C. 刀具当前点的坐标值　　D. 分中后的坐标值

二、判断题

(　　)1. 为了防止工件变形，夹紧部位要与支承件对应，尽可能不在工件悬空处夹紧。

(　　)2. 数控车床开机时，必须先确定机床参考点，即确定工件与机床零点的相对位置。参考点确定以后，刀具移动就有依据。否则，不仅编程无基准，还会发生碰撞事故。

(　　)3. 机床原点为机床上一个固定不变的极限点。

(　　)4. 机床工作时出现严重震动、异响、移动工作台碰撞到工件时都应该第一时间按下急停按钮。

(　　)5. 机床的参考点是数控机床上固有的机械原点，在机床出厂时就设定，因此机床坐标系和工件坐标系也随之而确定下来了。

三、简答题

1. 试述数控车床开机、返回参考点和关机的操作步骤。

2. 数控车床每次开机后都执行返回参考点操作，其意义是什么？

3. 什么是六点定位、不完全定位、欠定位和过定位？定位时应该注意什么？

任务二

FANUC 数控系统数控车床操作

工作任务

(1)FANUC 数控系统数控车床加工零件的操作。

(2)FANUC 数控系统数控车床日常保养和维护。

相关知识

知识一 数控车床夹具的基本知识

1. 数控车床夹具的组成

数控车床夹具按其作用和功能通常可由定位元件、夹紧装置、连接元件和夹具体等几个部分组成,如图 1-27 所示。定位元件是夹具的主要元件之一,其定位精度将直接影响工件的加工精度,常用的定位元件有 V 形块、定位销、定位块等。夹紧装置的作用是保持工件在夹具中的原定位置,使工件不致因加工时受外力而改变原定位置。连接元件用于确定夹具在机床上的位置,从而保证工件与机床之间的正确加工位置。夹具体是夹具的基础件,用于连接夹具上各元件或装置,使之成为一个整体,以保证工件的精度和刚度。

数控车床夹具的基本要求是具备较高的精度和良好的刚度、定位准确、敞开性好、快速装夹方便和排屑容易等。

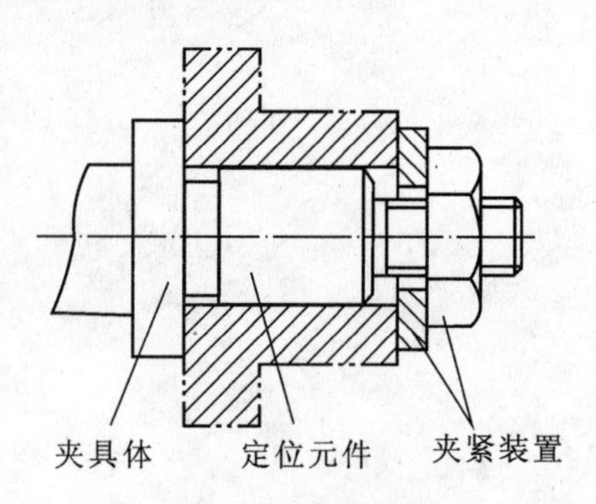

图 1-27 夹具的组成

2. 常见通用夹具的使用

三爪自定心卡盘是数控车床最常用的通用夹具。它一般配备两套卡爪，一套正爪，一套反爪，其结构如图 1-28 所示。三爪自定心卡盘的三个卡爪在装夹过程中是联动的，具有装夹简单、夹持范围大和自动定心的特点。因此，三爪自定心卡盘主要用于在数控车床装夹加工圆柱形轴类零件和套类零件。

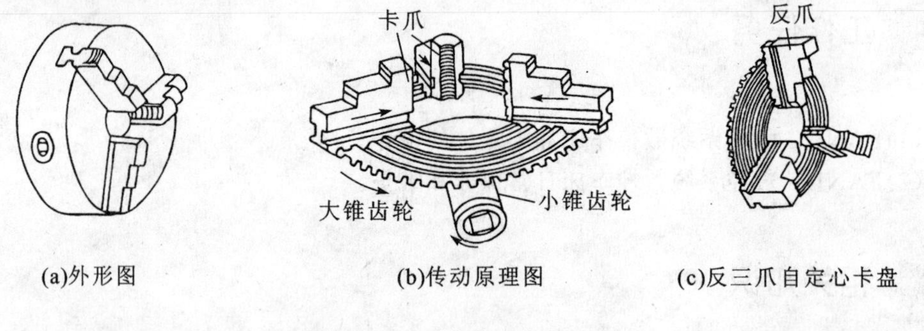

(a)外形图 (b)传动原理图 (c)反三爪自定心卡盘

图 1-28 三爪自定心卡盘

当工件直径较小时，工件置于三个长爪之间装夹；当工件孔径较大时，如盘状、套状或环状零件，可将三个卡爪伸入工件内孔中，利用长爪的径向张力装夹；当工件直径较大，用正爪不便装夹时，可用反爪进行装夹；当工件长度大于直径 4 倍时，应在工件右端用车床上的尾座顶尖支撑，如图 1-29 所示。

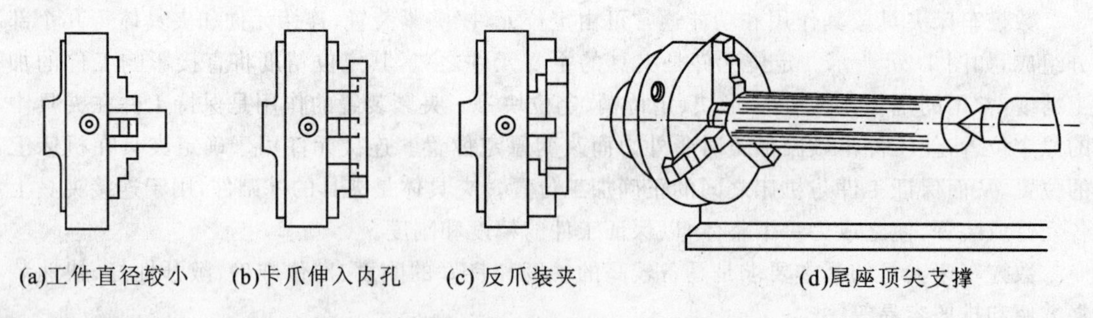

(a)工件直径较小 (b)卡爪伸入内孔 (c) 反爪装夹 (d)尾座顶尖支撑

图 1-29 三爪自定心卡盘安装工件的方法

第 1 步：三爪自定心卡盘卡爪的装配。

(1)确定选用正、反卡爪。正卡爪用于装夹外圆直径较小和内孔直径较大的工件；反卡爪用于装夹外圆直径较大的工件。

(2)安装卡爪时，要按卡爪上的号码 1、2、3 的顺序装配。若号码看不清楚，可把三个卡爪并排放在一起，比较卡爪端面螺纹牙数的多少，多的为 1 号卡爪，少的为 3 号卡爪，如图 1-30 所示。

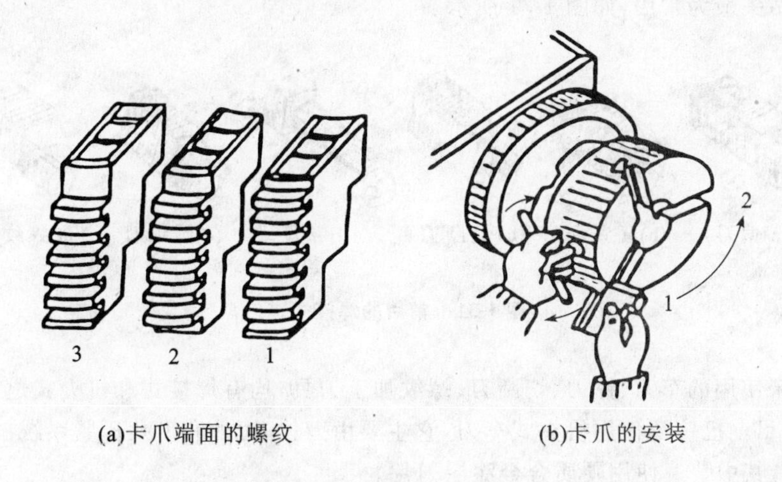

(a)卡爪端面的螺纹　(b)卡爪的安装

图 1-30　卡爪的安装

(3)将卡盘扳手的方榫插入卡盘外壳圆柱面上的方孔中，按顺时针方向旋转，以驱动大锥齿轮背面的平面螺纹，当平面螺纹的螺扣转到将要接近壳体上的 l 槽时，将 1 号卡爪插入壳体槽；继续顺时针转动卡盘扳手，在卡盘壳体上的 2 槽、3 槽处依次装入 2 号、3 号卡爪。

第 2 步：安装三爪自定心卡盘。

(1)安装卡盘前应切断电动机电源，并将卡盘和连接盘各表面(尤其是定位配合表面)擦净并涂油。在靠近主轴处的床身导轨上垫一块木板，以保护导轨面不受意外撞击。

(2)用一根比主轴通孔直径稍小的硬木棒穿在卡盘中，将卡盘抬到连接盘端，将棒料一端插入主轴通孔内，另一端伸在卡盘外。

(3)小心地将卡盘背面的台阶孔装配在连接盘的定位基面上，并用三个螺钉将连接盘与卡盘可靠地连为一体，然后抽去木棒，撤去垫板。

注意：卡盘装在连接盘上后，应使卡盘背面与连接盘平面贴平、贴牢。

第 3 步：三爪自定心卡盘的拆卸。

(1)拆卸卡盘前，应切断电源，注意安全。最好由两个人共同完成拆卸工作。在主轴孔内插入一根硬质木棒，木棒另一端伸出卡盘之外并搁置在刀架上，垫好床身护板，以防出现意外撞伤床身导轨面。

(2)卸下连接盘与卡盘连接的三个螺钉，并用木槌轻敲卡盘背面，以使卡盘从连接盘的台阶上分离下来。

(3)小心地抬下卡盘。

(4)拆卸卡爪的方法与装配卡爪的方法相反。

知识二　数控车床常用刀具的类型与适用范围

1. 数控车床常用刀具

在数控车床上使用的刀具有外圆车刀、钻头、镗刀、切断刀、螺纹加工刀具等，其中以外圆车刀、镗刀、钻头最为常用，如图 1-31 所示。

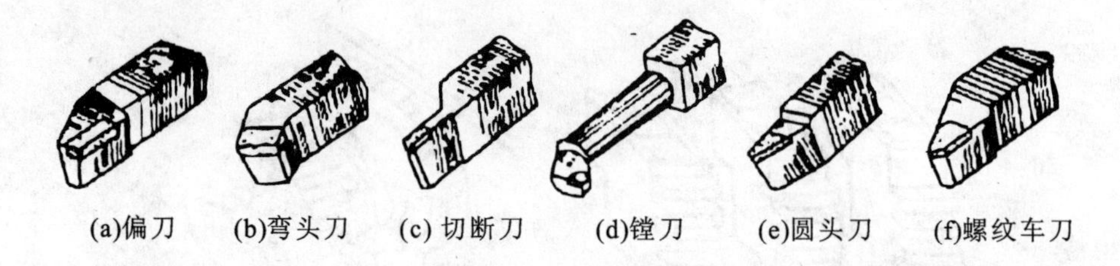

图 1-31　常用的焊接式车刀

数控车床使用的车刀、镗刀、切断刀、螺纹加工刀具，均有焊接式和机夹式之分。除经济型数控车床外，目前已广泛使用机夹式车刀，它主要由刀体、刀片和刀片压紧系统三部分组成，如图 1-32 所示，其中普遍使用硬质合金涂层刀片。

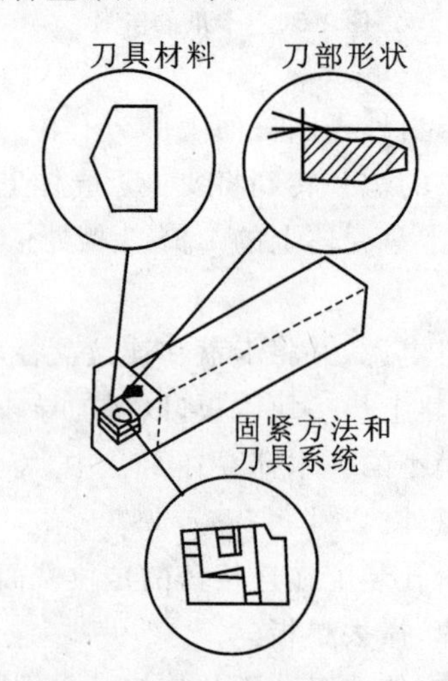

图 1-32　机夹式车刀组成

2. 刀具的选择与用途

在实际生产中，数控车刀主要根据数控车床回转刀架的刀具安装尺寸、工件材料、加工类型、加工要求及加工条件，从刀具样本中查表确定，如图 1-33 所示，其步骤大致如下。

(1)确定工件材料和加工类型(外圆、孔或螺纹)；

(2)根据粗、精加工要求和加工条件确定刀片的型号和几何槽形；

(3)根据刀架尺寸、刀片类型和尺寸选择刀杆。

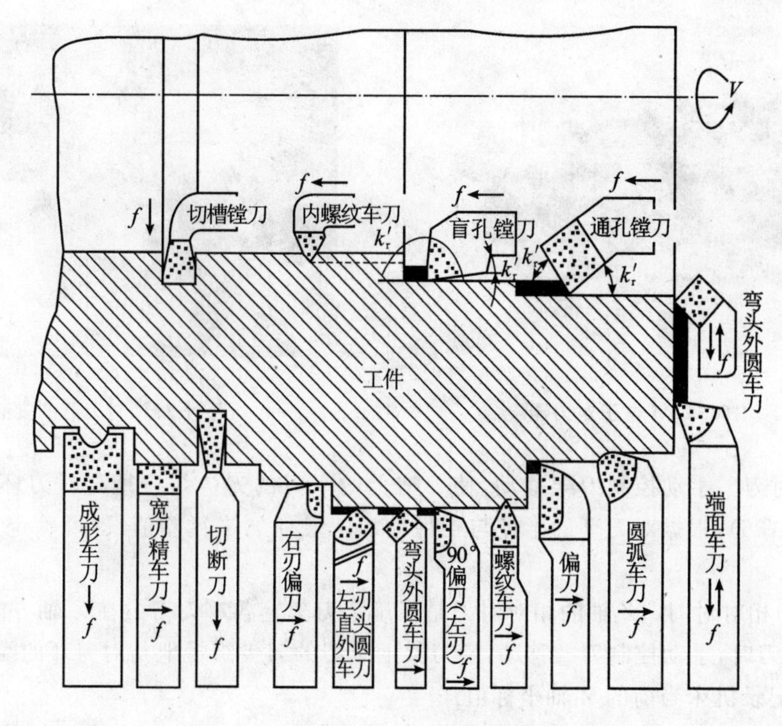

图 1-33 各车刀的用途

3. 刀具的安装方法

(1)选择好合适的刀杆和刀片后,安装前保证刀杆及刀片定位面清洁,无损伤;
(2)将刀片安装在刀杆上,然后将刀杆依次安装到回转刀架上;
(3)将刀杆安装在刀架上时,应保证刀杆方向正确;
(4)安装刀具时需注意使刀尖高度等高于主轴回转中心的高度;
(5)通过刀具干涉图和加工行程图检查刀具安装尺寸。

知识三 对刀器

对刀器,也称找正器,是用于测定刀具与工件相对位置的仪器。

1. 电子对刀器

ETC－4M 电子对刀器(见图 1-34)是专门用在数控车床上进行机上对刀的全功能对刀器。使用这种对刀器能在数控车床上直接进行 X 轴和 Z 轴的对刀。ETC－4M 型对刀器采用手动方式工作,即对刀时机床的运动由操作者手动控制。

2. 使用方法

(1)对刀器的安装。直接用机床卡盘夹持对刀器的圆柱柄,并使圆柱柄的端面靠紧卡盘的端面,如图 1-35 所示。

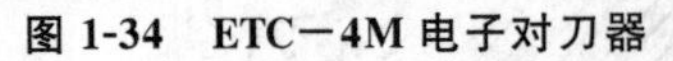

图 1-34 ETC—4M 电子对刀器

图 1-35 对刀器的安装

(2)X 轴对刀。手动控制刀架移动，使刀架上的车刀的刀尖缓慢地与对刀环的圆周面精确接触(见图 1-36)，根据对刀环的半径与工件被加工尺寸的半径差值，即可确定刀尖的 X 轴位置。

(3)Z 轴的相对对刀。Z 轴的相对对刀是指确定刀架上各车刀刀尖在 Z 轴方向上的差值。

对第一把刀时，手动控制刀架移动，使刀架上车刀的刀尖缓慢地与对刀环的端面精确接触(见图 1-37)，记录机床当前的 Z 轴坐标值。

按此操作过程将刀架上所有的车刀在 Z 轴上的位置逐一确定，即完成 Z 轴的相对对刀。

图 1-36 X 轴对刀

图 1-37 Z 轴的相对对刀

3. 对刀注意事项

在对刀操作过程中需注意以下问题：

(1)根据加工要求正确安装对刀器，控制对刀误差；

(2)在对刀过程中，可通过改变微调进给量来提高对刀精度；

(3)对刀时需小心谨慎操作，尤其要注意移动方向，避免发生碰撞危险；

(4)对刀数据一定要存入与程序对应的存储地址，防止因调用错误而产生严重后果。

知识四　数控车床加工的常见金属材料

数控车床加工材料主要是工业用钢和工业铝。钢的品种很多，可以按冶炼方法、质量类别、化学成分和工业用途等不同角度加以分类。在质量分类中，以45#优质碳素结构钢为最具代表性。在数控加工中，我们更多的是关注金属切削加工性能，即金属被切削的难易程度和被加工表面的质量，通常由切削抗力大小、刀具寿命、表面粗糙度和断屑性等因素来考量。切削加工性能与工件材料硬度有密切关系。实践告诉我们，钢最适于切削的硬度范围为170～230 HBS。硬度过低，容易形成切屑瘤，加工表面粗糙度高；硬度过高，切削力大，刀具易磨损，加工成本高。

铝也是数控车床常加工的金属，硬度比较低，断屑性能良好。但由于铝的熔点比钢要低，切削过程中容易产生切屑黏刀现象，采用切削液辅助加工可较大改善铝的切削性能、切削效率和工件表面质量。

技能训练

训练一　实训目的及要求

(1)培养学生良好的工作作风和安全意识。

(2)培养学生的责任心和团队精神。

(3)学会FANUC数控系统数控车床的操作流程。

(4)学会FANUC数控系统数控车床的保养。

训练二　设备与器材

FANUC数控系统数控加工的设备与器材的明细如表1-7所示。

表1-7　设备和器材明细

项　目	名　称	规　格	数　量
设备	数控车床	FANUC数控系统	8～10台
夹具	三爪卡盘	250 mm	8～10台
刀具	90°外圆车刀	YT15	8～10把
备料	塑料棒	ϕ50×100	8～10根
其他	毛刷、扳手、垫片等	配套	一批

训练三 内容与步骤

1. 开机与关机

第 1 步：检查机床状态是否正常、电源电压是否符合要求以及接线是否正确。

第 2 步：按下急停按钮。

第 3 步：依次合上总电源开关、稳压器开关和机床控制柜绿色电源开关按钮，此时机床电机和伺服控制的指示灯变亮。

第 4 步：检查风扇电机运行和面板指示灯是否正常。数控显示区会显示信息，如图 1-38 所示。

第 5 步：左旋并拔起面板右上角的“急停”按钮，有的机床需要按下按钮让数控系统复位，使机床系统处于已经准备好状态，其显示如图 1-39 所示。

图 1-38 机床系统没准备好显示

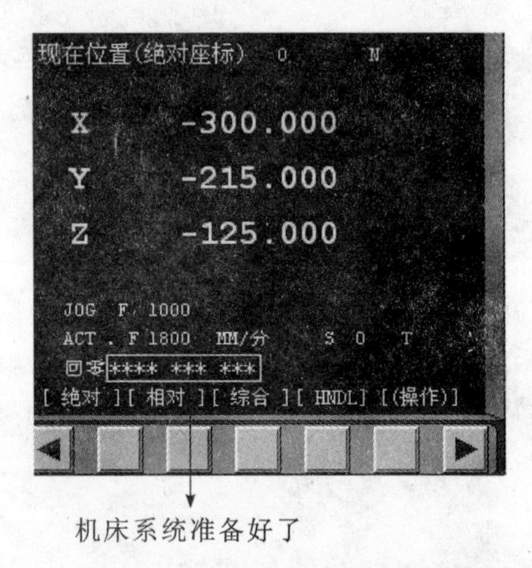

图 1-39 机床系统已经准备好显示

2. 回零

第 1 步：检查操作面板上回零点指示灯是否亮，若指示灯亮，则已进入回零点模式；若指示灯不亮，则按按钮，转入回零点模式。

第 2 步：为改变移动速度，可按下快速移动倍率选择开关，可改变移动的速度。

第 3 步：在回零点模式下，先将 *X* 轴回原点（避免刀架在回零过程中与尾座发生干涉碰撞）。按操作面板上的按钮 X，使 *X* 轴方向移动指示灯闪烁；按按钮 +，此时 *X* 轴将回零点，*X* 轴回零点灯变亮，CRT 上 *X* 坐标变为“0.000”。

第 4 步：重复上述(2)和(3)的步骤，再按 *Z* 轴方向移动按钮 Z 使指示灯闪烁，按按钮 +，此时 *X*、*Y* 轴将回原点，灯变亮。此时 CRT 界面如图 1-40 所示。

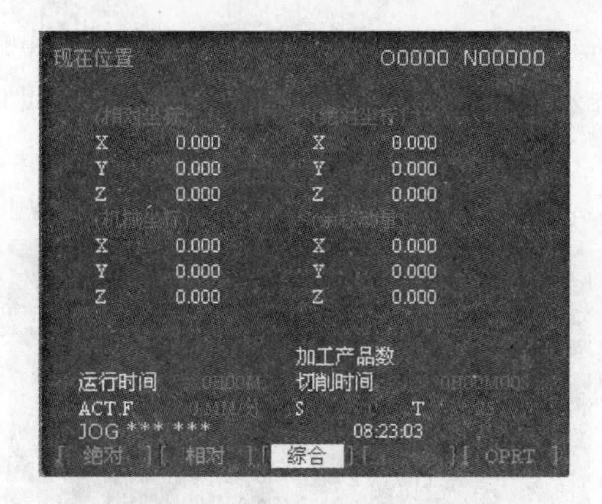

图 1-40 回零点后的 CRT 界面

3. 安装工件

第 1 步：松开三爪卡盘到合适大小，清理卡爪内切屑和脏物。

第 2 步：右手拿住工件一端并将工件另一端慢慢放入三爪卡盘内适当位置，左手拿起卡盘扳手单手轻锁三爪卡盘。

第 3 步：测量工件伸出长度，并将其微调到合适位置。

第 4 步：确认无误后双手握住卡板扳手将卡盘最终锁紧。

4. 安装刀具

第 1 步：清理车刀和垫片，将顶尖放入车床尾座中。

第 2 步：将刀架松开刀具平放在刀架内，移动刀架使车刀刀尖靠近顶尖。

第 3 步：观察车刀刀尖与顶尖头端中心是否在同一高度，如果不同高，可增加垫片调整至同一高度并将调整好的刀具及垫刀片拿下，取下顶尖。

第 4 步：把工作状态调整到手动，按下 刀位选择 按钮选择 1 号刀位，按下 刀位转换 按钮使机床刀架转到 1 号刀位。

第 5 步：将准备好的车刀及垫刀片平放入 1 号刀位内，并调整到合适位置，用刀架扳手锁紧车刀。

5. 试切对刀

第 1 步：首先在 X 轴方向对刀。按操作面板上的手动按钮，使其指示灯变亮，机床转入手动加工状态。

第 2 步：按操作面板上按钮或，控制主轴转动。

第 3 步：首先利用操作面板上的按钮 X 、 Z 和按钮 + 、 − ，将车床刀具移动到工件附近的大致位置。

第 4 步：当刀具移动到工件附近的大致位置后，可以采用手动脉冲方式移动机床，按操作面板上的手动脉冲按钮或，使手动脉冲指示灯变亮，采用手动脉冲方式精确移动机床，将手轮对应轴旋钮置于 X 档，调节手轮进给速度旋钮，旋转手轮精确移动，直到刀具靠近工件端面为止。调整好端面切削量，沿 X 轴切平端面，并沿 X 轴退回（Z 方向不可移动）。

第 5 步：按按钮 OFFSET SETTING 进入刀补界面，接着再按按钮 补正 ⟶ 形状，此时 CRT 显示如图 1-41 所示。

注意：左边第一列中显示应为 G001～G009，而不是 W001～W009。

图 1-41 刀补界面

第 6 步：将光标移到 G001 行中的 Z 列，输入 Z0 后按按钮 测量，完成 Z 方向对刀设置。

第 7 步：选择 X 轴，调整好切削深度，沿 Z 轴切削一段距离，然后沿着 Z 轴退回（注意：在 Z 轴退回前、后，X 轴方向不能移动，待输入参数后方可移动）。按按钮 RESET 让主轴停止旋转。

第 8 步：用游标卡尺测量试切过的外圆直径，将光标移到 G001 行中的 X 列，并将测量值输入后按按钮 测量，完成 X 方向对刀设置。

第 9 步：将刀具移至安全位置。

6. 校验（校验工件坐标系）

第 1 步：回主菜单，按 F3（MDI）⟶ 输入 G54 G1 X0 Z100，按机床操作面板 单段 ⟶ 按按钮。

第 2 步：检查刀具是否走到指定位置。

注意：不在指定位置时应重复上述步骤，重新操作。

7. 编辑程序

第 1 步：点击操作面板上的编辑图标，编辑状态指示灯变亮，此时已进入编辑状态。单击 MDI 键盘上的 PROG，CRT 界面转入编辑页面。利用 MDI 键盘输入“Ox”（x 为程序编号，但不可以与已有的程序编号重复），按按钮 INSERT，CRT 界面上显示一个空程序，可以通过 MDI 键盘开始程序输入。输入一段代码后按按钮 INSERT，输入域中的内容显示在 CRT 界面上，用回车换行键 EOB E 结束一行的输入后换行。

第 2 步：手动输入如下程序。

```
%0001
G98 G0 X100 Z100
T0101
M3 S800
G0 X-51 Z3
G1 X0 F100
Z0
X49 C1
Z-30
G0 X100
Z100
M30
```

第 3 步：编辑修改，删除程序。

(1)移动光标：按PAGE↑和PAGE↓键用于翻页，按方位键 ↑ ↓ ← → 移动光标。

(2)插入字符：先将光标移到所需位置，单击 MDI 键盘上的数字/字母键，将代码输入到输入域中，按INSERT键，把输入域的内容插入到光标所在代码后面；按CAN键用于删除输入域中的数据。

(3)删除字符：先将光标移到需删除字符的位置，按DELETE键，删除光标所在的代码。

(4)查找：输入需要搜索的字母或代码；按 ↓ 键开始在当前数控程序中光标所在位置后搜索(代码可以是一个字母或一个完整的代码，如"N0010"、"M"等)。如果此数控程序中有所搜索的代码，则光标停留在找到的代码处；如果此数控程序中光标所在位置后没有所搜索的代码，则光标停留在原处。

(5)替换：先将光标移到所需替换字符的位置，将替换成的字符通过 MDI 键盘输入到输入域中，按ALTER键，把输入域的内容替代光标所在的代码。

第 4 步：调用程序。

经过导入数控程序操作后，单击 MDI 键盘上的PROG，CRT 界面转入编辑页面。利用 MDI 键盘输入"Ox"(x 为数控程序目录中显示的程序号)，按 ↓ 键开始搜索，搜索到后"Oxxxx"显示在屏幕首行程序编号位置，NC 程序显示在屏幕上。

8. 程序校验试加工

程序存到 CNC 存储器中，机床可以按程序指令运行，称为存储器运行方式，其运行步骤如下。

第 1 步：检查机床是否回零，若未回零，先将机床回零。

第 2 步：检查"自动运行"指示灯是否亮，若未亮，按操作面板上 自动运行 按钮，使其指示灯变亮。

第 3 步：按PROG键，系统显示程序屏幕界面。

第 4 步：按地址键POS，键入程序号的地址。

第 5 步：按操作面板上的启动循环键[■]，程序开始运行；同时，循环启动 LED 闪亮，当自动运行结束时，指示灯熄灭。

第 6 步：数控程序在运行过程中可根据需要暂停、停止、急停和重新运行。数控程序在运行时，按暂停按钮[○]，进给暂停指示灯 LED 亮，运行指示灯熄灭，程序停止执行。再按[■]键，程序从暂停位置开始执行。

第 7 步：数控程序在运行时，按暂停按钮[○]，程序停止执行；再按[■]键，程序重新从开头执行。

第 8 步：数控程序在运行时，按下急停按钮[●]，数控程序中断运行；继续运行时，先将急停按钮松开，再按[■]按钮，余下的数控程序从中断行开始作为一个独立的程序执行。

第 9 步：自动/单段方式，按操作面板上的单节按钮[▭]。按操作面板上的[■]按钮，程序开始执行。自动/单段方式执行每一行程序，均需按一次[■]按钮。

第 10 步：单击单节跳过按钮[▱]，则程序运行时跳过符号“/”有效，该行成为注释行，不执行。

第 11 步：单击选择性停止按钮[○]，则程序中 M01 有效。

第 12 步：通过主轴倍率旋钮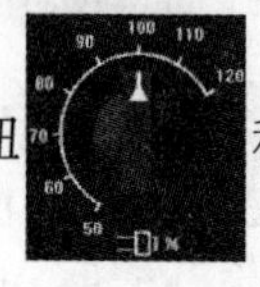和进给倍率旋钮来调节主轴旋转的速度和移动的速度。

第 13 步：程序运行过程中按下[RESET]键，自动运行将被终止，并进入复位状态。

9. 关机

第 1 步：按下急停按钮[●]。

第 2 步：关闭数控系统红色电源开关[电源关 电源开]。

第 3 步，依次合上机床控制柜开关、稳压器开关和总电源开关。

10. 机床保养

第 1 步：按要求摆放好刀具、量具和机床配件。

第 2 步：清理夹具、导轨、工作台和防护门上的切屑等脏物。

考核评价

考评一 考核检验

学习 FANUC 数控系统数控车床操作的考核评价如表 1-8 所示。

表 1-8　考核评价表

项　　目	序号	考核内容及要求	检验结果	得分	备注
数控车床开机的操作流程	1	检查机床状态的电源电压是否符合要求、接线是否正确，按下急停按钮			
	2	机床开关通电、数控系统通电			
	3	检查风扇电动机运转和面板上的指示灯是否正常			
数控车床回参考点的操作流程及注意事项	4	检查是否为"回零"方式			
	5	回零坐标轴顺序，先 X 轴后 Z 轴			
	6	检查回零坐标轴的指示灯是否亮			
	7	检查机床坐标系，正确应为 X0、Z100			
	8	回零超程的解除方法			
编程	9	新建、保存程序的操作技能			
	10	编辑、修改程序的操作技能			
	11	键盘使用的熟练程度和简单程序的掌握			
校验程序	12	掌握校验程序操作流程的技能			
	13	学会看校验程序的轨迹图			
	14	判断加工程序正确性并修改			
试件加工	15	试件加工的操作技能			
	16	解决试件加工所出现的安全问题			
数控车床关机的操作流程	17	按下控制面板上的"急停"按钮，断开伺服电源			
	18	先断开数控电源，后断开机床电源			
	19	清洁和保养机床			
综合评价	20	考核评价标准：（优、良、中、合格、不合格） 纪律评价（20%）　考核评价（80%）			
签名	学生自评签名（　　　）　学生互评签名（　　　）　教师评价签名（　　　）				

考评二　学习反思

对 FANUC 数控系统数控车床操作的学习反思如表 1-9 所示。

表 1-9　学习反思类型及内容

类　　型	内　　容
掌握知识	
掌握技能	
收获体会	
需解决的问题	
学生签名	

考评三 评价成绩

学习 FANUC 数控系统的评价如表 1-10 所示。

表 1-10 评价及成绩

学生自评	学生互评	综合评价	实训成绩	
			技能考核(80%)	
			纪律情况(20%)	
			实训总成绩	
			教师签名	

拓展内容

拓展 数控加工刀具材料

刀具的选择是根据零件材料种类、硬度，以及加工表面粗糙度要求和加工余量等已知条件来决定刀片的几何结构(如刀尖圆角)、进给量、切削速度和刀片型号等。

数控刀具材料有高速钢(分为 W 系列高速钢和 Mo 系列高速钢)、硬质合金(分为钨钴类、钨钛钴类和钨钛钽(铌)钴类)、陶瓷(纯氧化铝类(白色陶瓷)和 TiC 添加类(黑色陶瓷))、立方碳化硼和聚晶金刚石等。一般工厂使用最多的就是高速钢(白钢刀)和硬质合金刀具，与其他几类刀具相比，这两种刀具的价格相对比较便宜。常用刀具材料的性能如表 1-11 所示。

表 1-11 常用刀具材料的性能比较

刀具材料	切削速度	耐磨性	硬 度	硬度随温度变化
高速钢	最 低	最 差	最 低	最 大
硬质合金	低	差	低	大
陶瓷刀片	中	中	中	中
金刚石	高	好	高	小

1. 高速钢刀具

高速钢刀具如图 1-42 所示。高速钢刀具有公制或英制两种，这种刀最常用，刀刃锋利，适宜加工铜或硬度较低的材料，如 45 钢等。加工模具材料时也常用，这种刀是数控加工最常用的，价格便宜，易买，但易磨损，易损耗。进口的高速钢刀具含有 Co、Mn 等合金，较耐用，精度也高，如 LBK，YG 等。

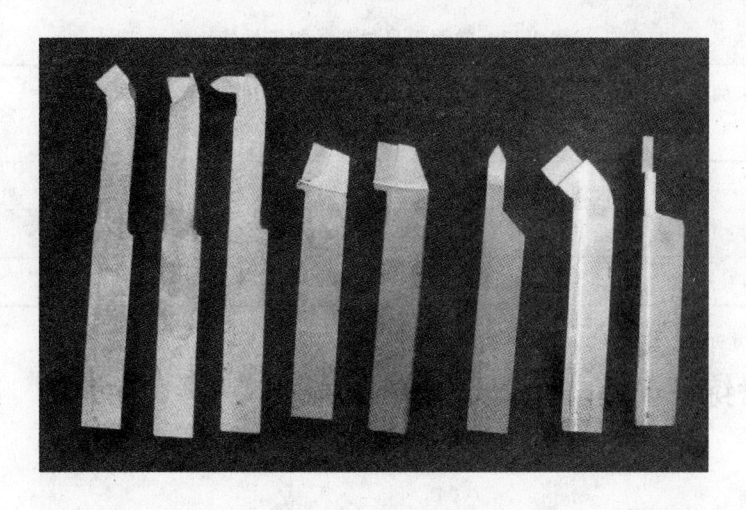

图 1-42　高速钢车刀

2. 硬质合金刀具

硬质合金刀具是用合金材料制成，硬而脆，耐高温，主要用于加工硬度较高的工件，如前模、后模、镶件、行位或斜顶等。硬质合金刀具耐高温，加工时需较高转速，否则容易崩刀。其加工效率和质量比高速钢刀具好，硬质合金是目前数控加工中使用最多的刀具材料。

3. 分离式刀粒

分离式刀粒如图 1-43 所示。这种刀具刀粒是可以更换的，而且刀粒是合金材料做成的，通常又有涂层，耐用，价格也便宜，加工钢料最好用这种刀。刀粒有方形、菱形、圆形的。方形、菱形刀粒只能用两个角，而圆形刀粒一圈都可以用，当然更耐用一些。常用刀具材料的加工性能如表 1-12。

图 1-43　分离式刀粒

表 1-12　常用刀具材料的加工性能比较

刀具种类 \ 加工的材料	铜　铝	钢　料	烧焊,淬火
高速钢刀	好	一般	不
合金刀	好	好	好
分离式刀粒	一般	好	好

思考练习

一、选择题

1. 回零操作就是使运动部件回到______。

   A. 机床坐标系原点　B. 机床的机械零点　C. 工件坐标的原点

2. 在 CRT/MDI 面板的功能键中,显示机床现在位置的键是______。

   A. POS　B. PRGRM　C. OFSET

3. 在 CRT/MDI 面板的功能键中,用于程序编制的键是______。

   A. POS　B. PRGRM　C. ALARM

4. 在 CRT/MDI 面板的功能键中,用于刀具偏置数设置的键是______。

   A. POS　B. OFSET　C. PRGRM

5. 数控程序编制功能中常用的插入键是______。

   A. INSRT　B. ALTER　C. DELET

二、判断题

(　　)1. 在机床接通电源后,通常都要做回零操作,使刀具或工作台退回到机床参考点。

(　　)2. 使用三爪卡盘装夹工件,可限制工件的三个方向的移动。

(　　)3. 在数控车床上加工零件,应尽量选用组合夹具和通用夹具装夹工件,避免采用专用夹具。

(　　)4. 回归机械原点之操作,只有手动操作方式。

(　　)5. CNC 车床加工完毕后,为了让隔天下一个接班人操作更方便,可不必清洁床台。

三、简答题

1. 数控车床夹具的分类有哪些?

2. 简述如何选用数控车刀。

项目二

数控车床轮廓类零件加工

数控车床通过简单零件的编程与加工，初步掌握数控车床加工程序的基本结构、编程指令和数控加工工艺。合理的数控加工工艺可以简化编程和提高加工效率。合理的程序和加工操作可以保证数控车床安全、稳定地运行，提高企业经济效益和增强竞争力。

通过本项目的学习和训练，了解数控车床加工程序的基本结构，程序格式以及编程技巧；掌握数控车床轮廓类零件的编程和加工技能。通过简单零件编程加工训练，掌握数控系统常用指令的编程与加工，学生能够独立地完成简单零件加工。建议外轮廓零件加工用 10 课时，内轮廓零件加工用 10 课时。

知识目标

(1)了解数控车床加工程序的基本结构。
(2)熟悉常用数控系统编程指令和格式。
(3)掌握简单轮廓类零件的编程方法。
(4)掌握数控车床加工工艺的方法。

技能目标

(1)学会制订简单零件数控加工工艺。
(2)学会数控车床轮廓类零件的程序编制。
(3)学会数控车床简单零件的加工。

素质目标

(1)激发学生对数控技术的兴趣和职业优越感。
(2)培养高尚的职业情操。

任务一

外轮廓类零件加工

工作任务

(1)外轮廓类零件数控加工工艺制订,零件图样如图 2-1 所示。

(2)外轮廓类零件程序编制。

(3)外轮廓类零件加工操作。

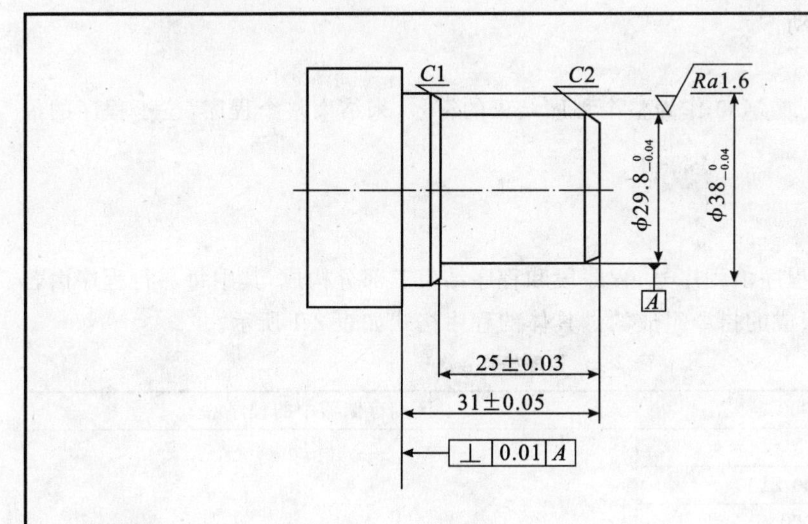

技术要求:
1. 以中、小批量生产条件编程;
2. 不准用砂布及锉刀等修饰表面(可清理毛刺);
3. 未注公差尺寸按GB/T1804－m;
4. 未注倒角$C1$、锐角倒钝$C0.2$;
5. 材料及备料尺寸,铝合金($\phi 50 \times 50$)。

其余 $\sqrt{Ra3.2}$

深圳市宝安职业技术学校				图号		
				数量		比例
设计		校对		材料	铝合金	重量
制图		日期		外轮廓类零件加工操作题		
额定工时						

图 2-1　外轮廓类零件图样

相关知识

知识一 数控车床程序结构组成

1. 程序的结构

零件程序是一组被送到数控装置中去执行的指令和数据。一个完整的程序由程序号、程序内容和程序结束三部分组成。程序号是区别存储器中的程序，标志一个数控程序的开始，由地址符和数字组成，所以对每一个完整的程序都需进行编号，即命名。程序内容则由若干程序段组成，程序段由若干字组成，每个字又由字母和数字组成。它描述了零件加工的整个过程，控制着数控机床要完成的动作。

1)程序号

程序号为程序的开始部分，为了区别存储器中的程序，每个程序都要有程序编号，在编号前采用程序编号地址码。如在FANUC系统中，采用英文字母“O”作为程序编号地址，华中数控系统采用“%”作为程序编号地址，而其他系统还有的采用“P”、“:”等。

2)程序内容

程序内容是整个程序的核心，由许多程序段组成，每个程序段由一个或多个指令组成，表示数控机床要完成的全部动作。

3)程序结束

程序结束指令以M05或M30作为整个程序结束的符号，来结束整个程序，位于程序的最后一行。

2. 程序的格式

一个完整的零件加工程序由程序号、程序段和程序结束三部分构成，其中每一行程序由若干个以字母、数字和符号组成的指令组成的。具体的程序格式如表2-1所示。

表2-1 程序格式

程序号	%0001	区别存储器中的程序
程序段	N05 T0101	由程序段组成，每个程序段由程序段号和一个或多个指令构成，控制着数控机床要完成的动作，是程序的核心部分
	N10 G0 X100 Z100	
	N15 M3 S1000	
	N20 G0 X51 Z3	
	N25 G1 X0 F100	
	N30 Z0	
	N35 X45 C1	
	⋮	
	N45 G0 X100 Z100	
程序结束	N50 M05 M30	结束整个程序指令

国际标准 ISO 6983－I－1982 和国标 GB/T 8870.1－2012 标准都使用程序段格式，如表 2-2 所示。

表 2-2 程序段格式

N_	G_	X_	Y_	Z_	F_	S_	T_	M_	;
程序段号字	准备功能字	尺寸功能字			进给功能字	主轴功能字	刀具功能字	辅助功能字	程序段结束符

每个功能字后面都带数值，表示该指令的参数。

需注意的是，一个加工程序是按照程序的输入顺序逐行执行的，并不是按照程序段号的顺序来执行的。程序段号只起到“程序跳转”和“程序检索”的目标定位作用，不受数值次序影响，也可以省略；如果编写了程序段号，通常情况下按照数值递增依次编写，这样有利于逐行检查、修改和增减程序段。每一个程序段中不一定包含所有的功能字，应根据加工工件的实际需要正确选用功能字。

3. 编程思路

几乎所有数控车床程序手动编程开始和结束部分都有相同的基本动作过程，不同之处就在于加工轮廓会因不同工件的几何要素的不同而不同，表 2-3 中 N25～N45 就是描述工件几何要素的部分。大家在初学手动编程时可按照这些思路编写不同零件的加工程序。

表 2-3 编程示例及思路

程序名	O0001	编程思路
开头部分	%0001	程序号，华中数控系统必须以%开头，后面跟数字
	N0 5 T0101	选择刀具，快速换到 1 号刀位
	N10 G0 X100 Z100	快速移动到安全换刀位置
	N15 M3 S1000	主轴以 1000 r/min 速度正转
加工部分（在不同工件程序中有所不同）	N20 G0 X51 Z3	快速移动到加工起始点
	N25 G1 X0 F100	*X* 轴以 100 mm/min 的速度下刀加工至 *X*0 处
	N30 Z0	刀具沿 *Z* 轴方向切削至 *Z*0 处
	N35 X40 C1	刀具沿 *X* 轴方向切削至 ϕ40 直径处并倒角 *C*1
	N40 Z-50	刀具沿 *Z* 负方向切削 50 mm
	N45 G0 X51	快速退刀至安全直径 ϕ51 处
结束部分	N50 G0 X100 Z100	快速退刀到安全换刀位置
	N55 M30	程序结束并复位

知识二 轮廓类零件加工常用加工指令

1. 快速定位指令 G00

指令格式

G00 X(U)_ Z(W)_

指令说明

(1)X_、Z_:为刀具目标点坐标,(U)_、(W)_ 为使用增量方式时目标点相对于起始点的增量坐标,不运动的坐标可以不写。

(2)G00:指令刀具相对于工件从当前位置以各轴预先设定的快移进给速度移动到程序段所指定的下一个定位点。

(3)G00:不用指定移动速度,其移动速度由机床系统参数设定。

(4)快移速度可由面板上的快速修调旋钮修正。

(5)G00:一般用于加工前快速定位或加工后快速退刀。

(6)G00:为模态功能,可由 G01、G02 或 G03 功能注销。

2. 直线进给指令 G01

指令格式

G01 X(U)_ Z(W)_ F_

指令说明

(1)X_、Z_:为刀具目标点坐标,(U)_、(W)_ 为使用增量方式时目标点相对于起始点的增量坐标,不运动的坐标可以不写;F_为刀具切削进给的进给速度。

(2)G01:直线运动指令,它命令刀具在两坐标轴间以插补联动的方式按指定的进给速度作任意斜率的直线运动。因此,执行 G01 指令的刀具轨迹是一条直线型轨迹,它是连接起点和终点的一条直线。

(3)在 G01 程序段中必须含有 F 指令。如果在 G01 程序段中没有 F 指令,在 G01 程序段前也没有 F 指令,则机床不运动,有的系统还会出现系统报警。

(4)实际进给速度等于指令速度 F 与进给速度修调倍率的乘积。

(5)G01 和 F 都是模态代码,如果后续的程序段不改变加工的线型和进给速度,可以不再书写这些代码。

(6)G01 可由 G00、G02 或 G03 功能注销。

3. 圆弧进给指令 G02/G03

指令格式

G02(G03) X(U)_ Z(W)_ R_ F_

G02(G03) X(U)_ Z(W)_ I_ K_ F_

指令说明

(1)G02 表示顺时针方向圆弧插补；G03 表示逆时针方向圆弧插补。X_、Z_ 为圆弧的终点坐标值，其值可以是绝对坐标，也可以是增量坐标。在增量方式下，其值为圆弧终点坐标相对于圆弧起点的增量值。

R_ 为圆弧半径。

I_、K_ 为圆弧的圆心相对其起点并分别在 X、Z 坐标轴上的增量值。

F_ 为刀具切削进给的进给速度。

(2)顺、逆圆弧判断：圆弧插补的顺、逆方向的判断方法如图 2-2 所示，先确定数控车床的 Y 轴，然后逆着 Y 轴看该圆弧，顺时针方向圆弧用 G02 表示，逆时针方向圆弧用 G03 表示。

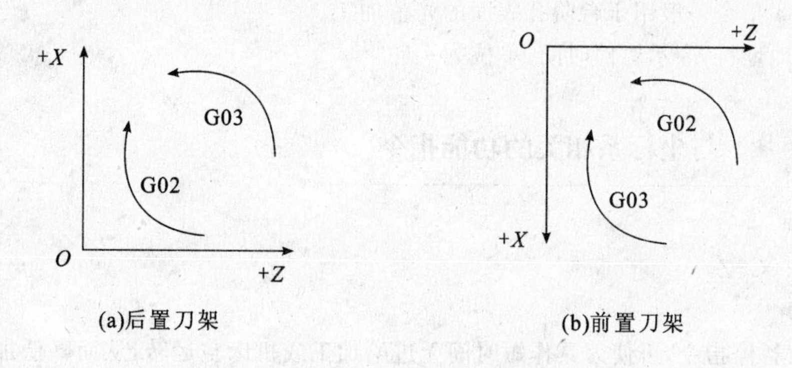

图 2-2　圆弧顺、逆方向判断

(3)I、K 值判断：在判断 I、K 时，一定要注意该值为矢量值，如图 2-3 所示，圆弧在编程时的 I、K 值均为负值。

图 2-4 所示的轨迹 AB 用圆弧指令编写的程序段如下：

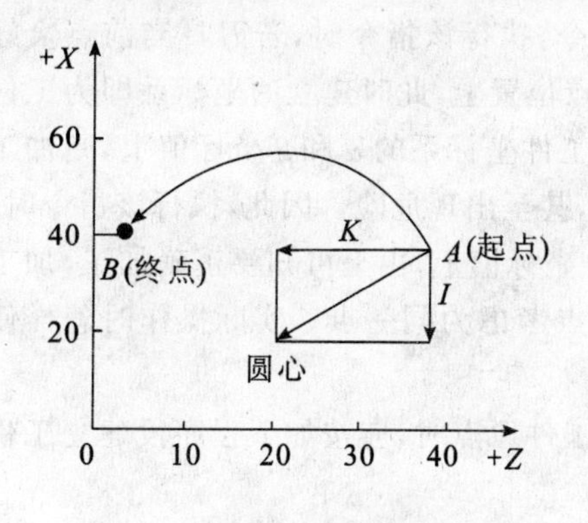

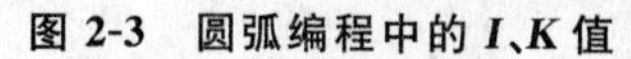

图 2-3　圆弧编程中的 I、K 值

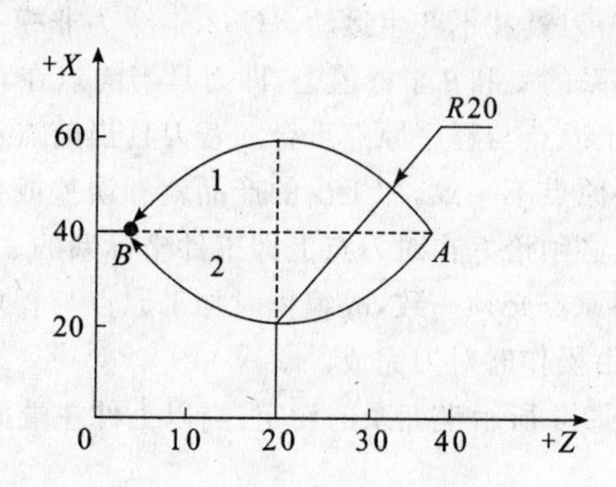

图 2-4　R 及 I、K 值编程举例

$AB1$	G03 X40 Z2.68 R20
	G03 X40 Z2.68 I−10 K−17.32
$BA2$	G02 X40 Z2.68 R20
	G02 X40 Z2.68 I10 K−17.32

(4)圆弧半径的确定：圆弧半径 R 有正、负值之分。当圆弧圆心角不大于 180°时，R 为正值；当圆弧圆心角大于 180°时，R 为负值。

(5)整圆编程时不可以使用 R，只能用 I、K。

4. 暂停功能 G04

指令格式

G04 P_

指令说明

(1)G04：暂停指令可使刀具作短时间无进给加工或机床空运转，从而降低加工表面粗糙度。因此，G04 指令一般用于台阶孔表面的光整加工。

(2) P_：地址符，表示暂停时间，单位为 s。

知识三　与坐标系相关的功能指令

指令格式

G92 X_ Z_

指令说明

(1)G04：暂停指令，可使刀具作短时间无进给加工或机床空运转，从而降低加工表面粗糙度。因此，G04 指令一般用于台阶孔表面的光整加工。

(2)P_：地址符，表示暂停时间，单位为 s。

(3)X、Z：对刀点到工件坐标系原点的有向距离。

(4)当执行 G92 Xα Zβ 指令后，系统内部即对(α,β)进行记忆，并建立一个使刀具当前点坐标值为(α,β)的坐标系，系统控制刀具在此坐标系中按程序进行加工。执行该指令只建立一个坐标系，刀具并不产生运动。G92 指令为非模态指令，执行该指令时，若刀具当前点恰好在工件坐标系的 α 和 β 坐标值上，即刀具当前点在对刀点位置上，此时建立的坐标系即为工件坐标系，加工原点与程序原点重合。若刀具当前点不在工件坐标系的 α 和 β 坐标值上，则加工原点与程序原点不一致，加工出的产品就有误差或报废，甚至出现危险。因此，执行该指令时，刀具当前点必须恰好在对刀点上即工件坐标系的 α 和 β 坐标值上，由上可知要正确加工，加工原点与程序原点必须一致，故编程时加工原点与程序原点考虑为同一点。实际操作时怎样使两点一致，由操作时对刀完成。

图 2-5 所示坐标系的设定，当以工件左端面为工件原点时，应按如下程序段建立工件坐标系：

G92 X180 Z254

当以工件右端面为工件原点时，应按如下程序段建立工件坐标系：

G92 X180 Z44

显然，当 α、β 不同，或改变刀具位置时，即刀具当前点不在对刀点位置上，则加工原点与程序原点不一致。因此，在执行程序段 G92 Xα Zβ 前，必须先对刀。

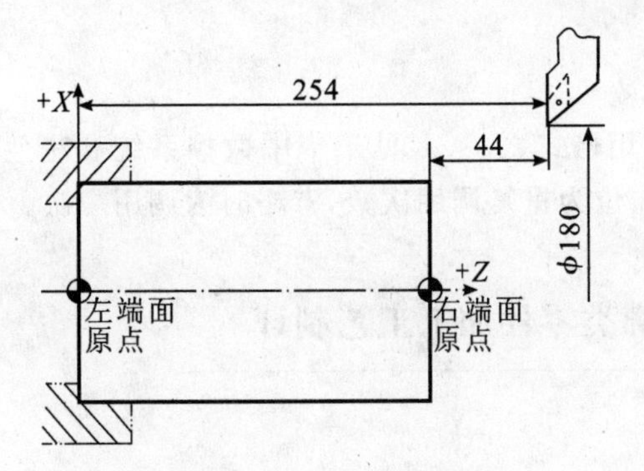

图 2-5　G92 设立坐标系

(5) X、Z 值的确定，即确定对刀点在工件坐标系下的坐标值，其选择的一般原则为：

①方便数学计算和简化编程；

②容易找正对刀；

③便于加工检查；

④引起的加工误差小；

⑤不要与机床、工件发生碰撞；

⑥方便拆卸工件；

⑦空行程不要太长。

知识四　子程序概念与运用

加工某些零件时，常常会出现几何形状完全相同的加工轨迹，在程序编制时，将几何形状完全相同的加工轨迹的程序段作为子程序存放，可使程序简单化。主程序执行过程中如果需要某一个子程序，可以通过子程序调用指令来调用该子程序，执行完后返回到主程序，继续执行后面的程序段。子程序的格式与主程序相同，在子程序开头编制子程序号，在子程序的结尾用 M99 指令。根据实际需要子程序也可以调用子程序，称为子程序的嵌套，如图 2-6 所示。

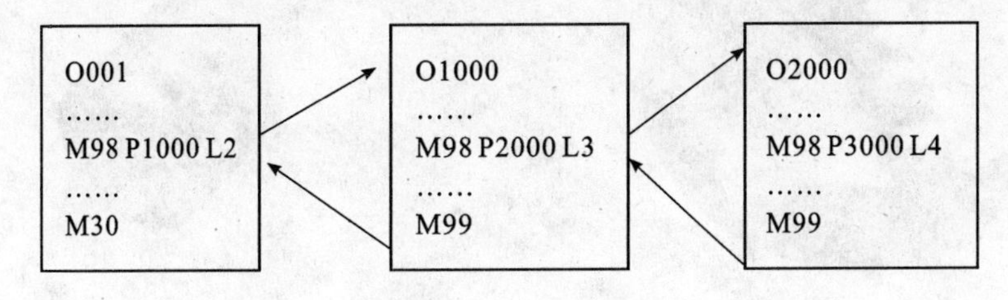

图 2-6　子程序的嵌套

1) 子程序格式

O _ (P_%_)

……

M99；

子程序的格式与主程序相同，在子程序开头编制子程序号，在子程序结尾用 M99 指令。

2)子程序的调用格式

M98 P_L_

最常使用的子程序调用格式之一,多见于华中数控系统和法兰克数控系统。P后面的4位为子程序号;L后面的4位为重复调用次数,省略时为调用一次。

知识五 外轮廓类零件加工工艺制订

1. 零件分析

零件轮廓的几何元素完整性与正确性分析,数控车床加工是依据加工程序来控制的,图样上的每一个几何尺寸要素必须完整,才能顺利进行程序编制和加工。零件在满足使用要求的前提下,需考虑制造的可行性和经济性。良好的结构工艺性,可以使零件加工容易、节省工时和材料。而较差的零件结构工艺性,会使加工困难、浪费工时和材料,有时甚至无法加工。因此,零件各加工部位的结构工艺性应符合数控加工的特点。

2. 装夹方案

工件在开始加工前,首先必须使工件在机床上或夹具中占有某一正确的位置,这个过程称为定位。为了使定位好的工件不至于在切削力的作用下发生位移,使其在加工过程中始终保持正确的位置,还需将工件压紧夹牢,这个过程为夹紧。定位和夹紧的整个过程合起来称为装夹。工件的装夹不仅影响加工质量,而且对生产率、加工成本及操作安全都有直接影响。

三爪卡盘(见图2-7)及活动顶尖(见图2-8)具有较大的通用性和经济性,适用于常规工件的装夹。采用三爪卡盘装夹工件时,需要对毛坯进行校正,以保证工件在切削过程中的同轴度。采用活动顶尖装夹工件时,需要对毛坯一端打定位孔,以保证工件的正常装夹。

图2-7 三爪卡盘

图2-8 活动顶尖

3. 刀具选择

简单外轮廓类零件的加工常用焊接外圆车刀和机夹外圆车刀,如图2-9和图2-10所示,主要用于加工零件外圆轮廓面。根据主偏角的不同,有以下几种加工特点:主偏角越小,切削刃工作长度越长,散热条件越好,切深抗力越大。

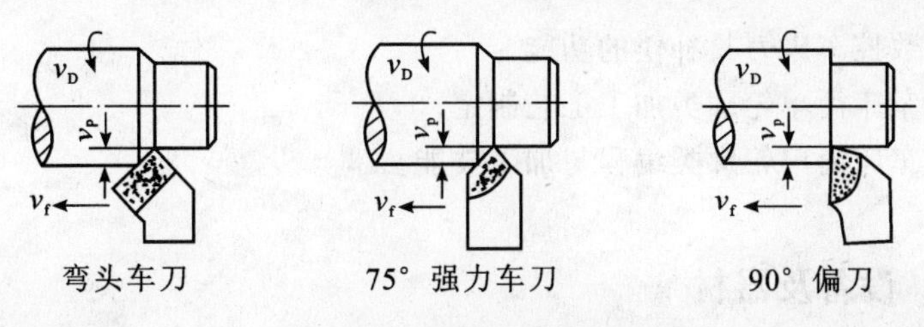

图 2-9　常用焊接外圆车刀

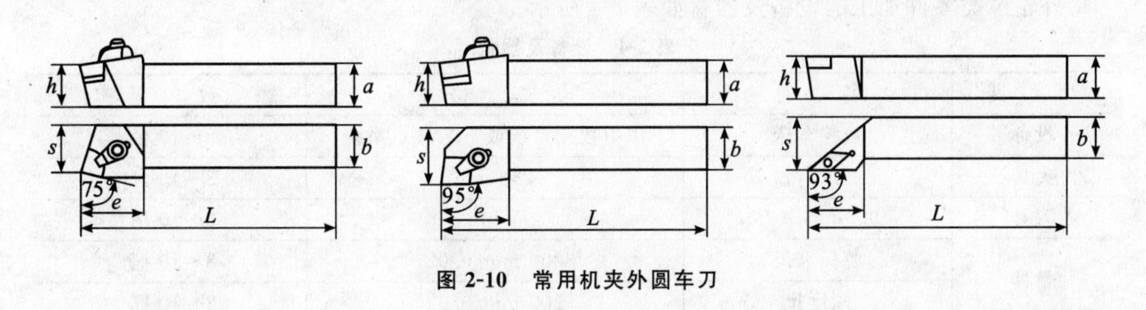

图 2-10　常用机夹外圆车刀

4. 加工顺序

加工顺序的安排应根据零件的结构和毛坯状况，以及定位、安装与夹紧的需要来考虑。加工顺序的科学与否将直接影响零件的加工质量、生产率和加工成本。一般应按以下原则进行确定。

(1)上道工序的加工不能影响下道工序的定位与夹紧，中间穿插有通用车床加工工序的也应综合考虑。

(2)先面后孔。对于箱体、支架等零件，平面尺寸轮廓较大，用平面定位比较稳定，而且孔是以平面为基准的，故应先加工平面、然后加工孔。

(3)先进行内腔加工，后进行外形加工。

(4)先主后次，即先加工主要表面，后加工次要表面。

(5)以相同定位、夹紧方式加工或用同一把刀具加工的工序，最好连续加工，以减少重复定位次数、换刀次数及挪动压板次数。

(6)基准面先行原则：用作精基准的表面应先加工。

(7)在同一次安装中进行的多道工序，应先安排对工件刚性破坏较小的工序。

任务实施

实施一　目的及要求

(1)了解数控车床加工程序组成结构。

(2)掌握数控车床常用编程与加工指令。

(3)掌握数控车床调用子程序的编程思路。

(4)学会运用数控车床刀具补偿的功能。

(5)学会数控车床简单轮廓类加工工艺制定。

(6)学会数控车床简单轮廓类编程与加工技能。

实施二 设备及器材

外轮廓类零件加工的设备及器材如表 2-4 所示。

表 2-4 设备及器材

项　目	名　称	规　格	数　量
设备	数控车床	华中数控系统或 FANUC 系统	8～10 台
夹具	三爪卡盘	250 mm	8～10 台
刀具	90°外圆车刀	YT15	8～10 把
量具	游标卡尺	200 mm/0.02	8～10 把
	深度尺	200 mm/0.02	8～10 把
其他	毛刷、扳手、垫片等	配套	一批

实施三 内容与步骤

1. 制订加工工艺

分析零件图，制订二维轮廓类零件的数控加工工艺，如图 2-11 所示。

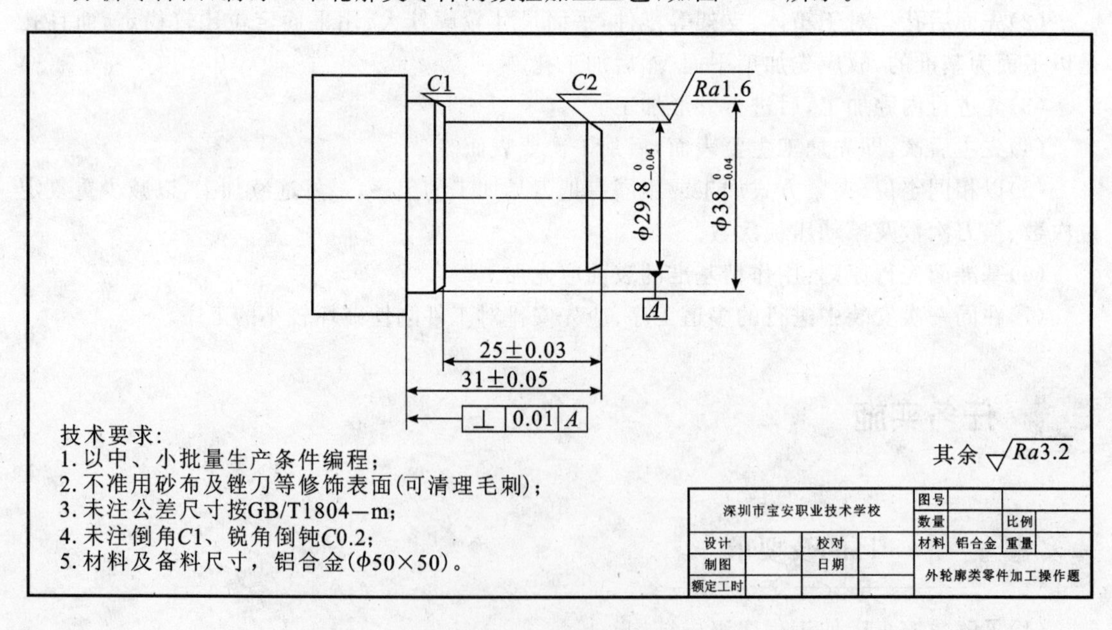

图 2-11 零件图样

1)零件图样工艺分析

从图样名字的关键字“轮廓类”中可以看出，该图的结构并不复杂，主要由直线段这一种几何要素组成，尺寸要求对于数控车床加工精度而言也不高，零件结构合理，这样有利于加工的效率和成本的控制。

2)确定装夹方案

由于该零件毛坯结构为普通圆柱体，而且是单边加工，其左端有一个很好的装夹平位，选用三爪卡盘一次装夹就可达到要求，几何特征有台阶结构。程序指令方面也比较简单，主要有直线插补指令。

3)加工顺序与刀具选择

加工顺序可由右至左加工。

根据图样尺寸加工时所用刀具选用90°外圆车刀，又因为是铝料工件，使用YT15刀具即可。具体加工顺序和所用刀具如表2-5所示。

表2-5　加工顺序和刀具

零件加工顺序和刀具的选择				
程序号	刀　具	类　型	材　料	加工内容
O1	90°外圆车刀	外圆刀	硬质合金	粗车工件右端外轮廓
O2	90°外圆车刀	外圆刀	硬质合金	精车工件右端外轮廓

4)工艺参数

(1)90°外圆车刀粗车的进给速度 $F=120$ mm/min，切削深度 $a_p=1.5$ mm，转速 $S=600$ r/min。

(2)90°外圆车刀精车的进给速度 $F=100$ mm/min，切削深度 $a_p=0.5$ mm，转速 $S=1200$ r/min。

5)切削液选择

铝是有色金属，硬度不高，切削力和切削温度都不高，可选用水融乳化液作为切削液。

2. 编写加工程序

根据数控加工工艺的设计，编写零件二维轮廓的加工程序。

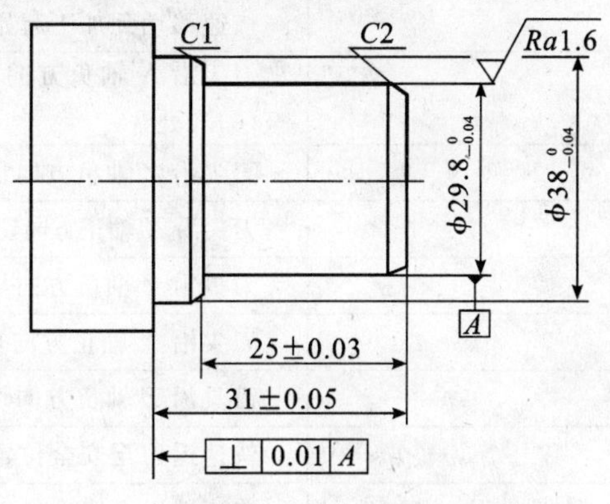

图2-12　粗、精车工件右端轮廓编程示意图

(1)粗车工件右端外轮廓加工程序如表 2-6 所示。

表 2-6 粗车程序

O0001(粗加工)		程序名
顺序号	%0001	程序号
N05	T0101	选择刀具,快速换到 1 号刀位
N10	G0 X100 Z100	快速移动到安全换刀位置
N15	M3 S600	主轴以 600 r/min 速度正转
N20	G0 X51 Z3	快速移动到加工起始点
N25	G71 U1.5 R1 P30 Q60 X0.5 Z0.1 F120	外径粗车复合循环
N30	G1 X0 F100	刀尖沿 X 轴负方向以 100 mm/min 的速度切削至(0,3)处
N35	Z0	刀尖沿 Z 轴负方向切削至(0,0)处
N40	X29.8 C2	刀尖沿 X 轴正方向切削至 ϕ29.8 直径处并倒角 C2
N45	Z−25	刀具沿 Z 轴负方向切削至(29.8,−25)处
N50	X38 C1	刀尖沿 X 轴正方向切削至 ϕ38 直径处并倒角 C1
N55	Z−31	刀具沿 Z 轴负方向切削至(38,−31)处
N60	G0 X51	快速退刀至安全位置(51,−31)处
N65	G0 X100 Z100	快速退刀到安全换刀位置
N70	M30	程序结束并复位

(2)精车工件右端外轮廓加工程序如表 2-7 所示。

表 2-7 精车程序

O0001(精加工)		程序名
顺序号	%0001	程序号
N05	T0101	选择刀具,快速换到 1 号刀位
N10	G0 X100 Z100	快速移动到安全换刀位置
N15	M3 S1200	主轴以 1200 r/min 速度正转
N20	G0 X51 Z3	快速移动到加工起始点
N25	G1 X0 F100	刀尖沿 X 轴负方向以 100 mm/min 的速度切削至(0,3)处
N30	Z0	刀尖沿 Z 轴负方向切削至(0,0)处
N35	X29.8 C2	刀尖沿 X 轴正方向切削至 ϕ29.8 直径处并倒角 C2
N40	Z−25	刀具沿 Z 轴负方向切削至(29.8,−25)处
N45	X38 C1	刀尖沿 X 轴正方向切削至 ϕ38 直径处并倒角 C1
N50	Z−31	刀具沿 Z 轴负方向切削至(38,−31)处
N55	G0 X51	快速退刀至安全位置(51,−31)处
N60	G0 X100 Z100	快速退刀至安全换刀位置
N65	M30	程序结束并复位

实施四　操作数控车床加工零件

通过项目一的学习，我们已经基本掌握了华中数控系统和 FANUC 数控系统的加工操作技能，在此不再赘述。下面以外轮廓加工为例介绍加工操作中刀具偏置的设置操作技巧。

1. 华中数控系统刀具偏置设置操作

(1)在主菜单下按 F4 → F1 键进行刀具偏置设置，液晶显示屏将出现刀具补偿数据，如图 2-13 所示。

刀补号	半径	刀尖方位
#XX00	33	00
#XX01	1.000	3
#XX02	-1.000	3
#XX04	0.00000000	66
#XX05	-1.000	3
#XX06	3.000	3
#XX07	-1.000	3
#XX08	1.000	3
#XX09	1.000	2

图 2-13　华中数控系统刀具偏置数据的输入和修改

(2)用 ▲ 、 ▼ 、 ▶ 、 ◀ 、 PgUp 、 PgDn 移动蓝色亮条选择要编辑的选项。

(3)按 Enter 键，蓝色亮条所指刀具数据的颜色和背景都发生变化，同时有一光标在闪烁。

(4)用 BS 或 Del 键进行编辑修改。

(5)修改完毕按 Enter 键确认。

(6)若输入操作正确，图形显示窗口相应位置显示修改过的值，否则保持原值不变，如图 2-14 所示。

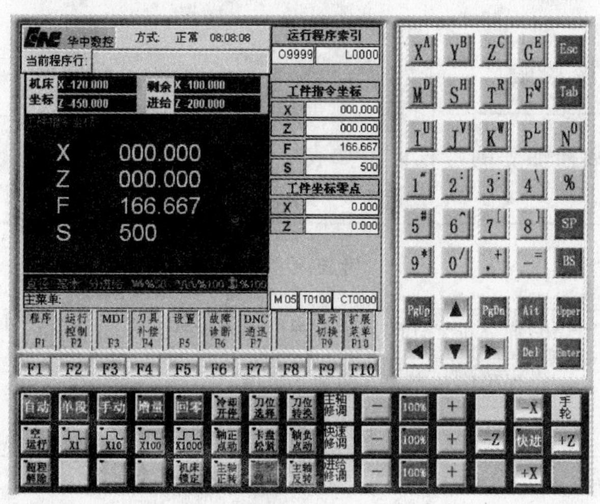

图 2-14　华中数控系统刀具补偿数据的操作步骤

2. FANUC 数控系统刀具偏置设置操作

(1)按OFFSET键,显示出刀具偏置页面,如果显示的不是刀具偏置可以再按软件补偿键,如图 2-15 所示。

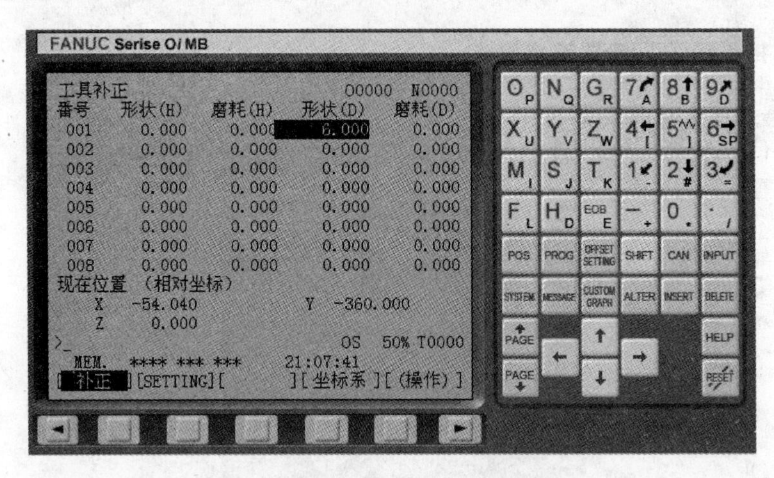

图 2-15 FANUC 数控系统刀具补偿数据的输入和修改

(2)先按翻页键PAGE↑或PAGE↓,再按上下光标键↑、↓,将光标移动到需要修改或需要输入的刀具偏置号前面。

(3)键入刀具偏置值。

(4)按 INPUT 键,输入偏置值成功。

考核评价

考评一 考核检验

学习外轮廓零件数控加工的考核评价如表 2-8 所示。

表 2-8 考核评价表

项目	序号	考核内容及要求	学生自评	学生互评	教师评价
看图安排工艺	1	合理分析零件图加工合理性和经济性			
	2	合理确定装夹方案和加工顺序			
	3	正确选用刀具和工艺参数			

续表

项　目	序号	考核内容及要求	学生自评	学生互评	教师评价
手动编写程序	4	正确计算加工节点			
	5	正确运用复合循环指令			
	6	合理的加工路线			
机床操作加工	7	正确操作机床加工零件			
	8	解决零件加工所出现的问题			
零件质量检测	9	正确检测零件的方法和手段			
	10	检测加工零件的精度			
综合评价	11	考核评价标准:(优、良、中、合格、不合格) 纪律评价(20%)　考核评价(80%)			
签名	学生自评签名(　　　)　学生互评签名(　　　)教师评价签名(　　　)				

考评二　学习反思

对外轮廓零件数控加工学习反思如表 2-9 所示。

表 2-9　学习反思类型及内容

类　型	内　　容
掌握知识	
掌握技能	
收获体会	
需解决的问题	
学生签名	

考评三　评价成绩

学习外轮廓零件数控加工的评价成绩如表 2-10 所示。

表 2-10　评价及成绩

学生自评	学生互评	综合评价	实训成绩	
			技能考核(80%)	
			纪律情况(20%)	
			实训总成绩	
			教师签名	

拓展内容

拓展一 零件分析

数控车削加工零件图样工艺性分析是数控加工工艺的重要内容之一，针对数控车削加工的特点，下面列举一些经常遇到的工艺性问题，作为对零件图样进行工艺性分析的要点加以分析与考虑。首先应熟悉零件在产品中的作用、位置、装配关系和工作条件，搞清楚各项技术要求对零件装配质量和使用性能的影响，找出主要和关键的技术要求，然后对零件图样进行分析。

1. 零件图样的完整性与正确性分析

构成零件轮廓的几何元素（点、线、面）条件（如相切、相交、垂直和平行）是数控编程的重要依据。手工编程时要计算构成零件轮廓的每一个节点坐标；自动编程时要对构成零件轮廓的所有几何元素进行定义，如果某一条件不充分，则无法计算零件轮廓的节点坐标和表达零件轮廓的几何元素，从而导致无法进行编程。因此图样应当完整地表达构成零件轮廓的几何元素。

2. 尺寸标注方法的分析

零件图样上尺寸标注方法应适应数控车床加工的特点，应以同一基准标注尺寸或直接给出坐标尺寸。这种标注方法既有利于编程，又有利于设计基准、工艺基准、测量基准和编程原点的统一。

3. 零件技术要求的分析

零件图样所要求的尺寸精度、形状精度、位置精度、表面粗糙度及热处理等是否都可以得到保证？不要以为数控车床加工精度高而放弃这种分析。特别要注意薄壁件的厚度公差，因为加工时产生的切削拉力及薄板的弹性变形极易产生切削面的振动，使薄板厚度尺寸公差难以保证，其表面粗糙度值也将减小。根据实践经验，薄壁厚度小于 3 mm 时就应充分重视这一问题。在保证零件使用性能的前提下，应考虑加工的经济性与合理性。过高的精度和表面粗糙度要求会使工艺过程复杂、加工困难、成本提高。

4. 零件材料的分析

在满足零件功能的前提下，应选用廉价、切削性能好的材料。而且，材料选择应立足国内，不要轻易选用贵重或紧缺的材料。分析零件的形状及原材料的热处理状态，在加工过程中是否变形，哪些部位最容易变形。因为数控车削最忌讳工件在加工时变形，这种变形不但无法保证加工的质量，而且经常造成加工不能继续进行下去，“半途而废”。这时就应当考虑采取一些必要的工艺措施进行预防，如对钢件进行调质处理，对铸铝件进行退火处理；对不能用热处理方法解决的，也可考虑粗、精加工及对称除去余量等常规方法。此外，还要分析加工后的变形原因,应采取什么工艺措施来解决。

拓展二　常用功能字

1. 进给功能字 F

表示刀具中心运动时的进给速度,由地址码 F 和后面若干位数字构成。

2. 主轴转速功能字 S

由地址码 S 和在其后面的若干位数字组成。

3. 刀具功能字 T

由地址码 T 和其后面的若干位数字组成。刀具功能的数字是指定的刀号,数字的位数由所用的系统决定。

4. 辅助功能字 M

辅助功能也称 M 功能或 M 代码,它是控制机床或系统开关功能的一种命令。由地址码 M 和后面的两位数字组成,从 M00～M99 共 100 种。各种机床的 M 代码规定有差异,必须根据说明书的规定进行编程。

5. 程序段结束符

程序段结束符写在每一程序段之后,表示程序结束。当用 EIA 标准代码时,结束符为"CR";用 ISO 标准代码时,结束符为"NL"或"LF";还有的代码用符号":"或"*"表示;有的直接回车即可。

拓展三　准备功能 G 代码和辅助功能 M 代码的编程指令集

常用的准备功能 G 代码的编程指令如表 2-11 所示。

表 2-11　G 代码编程指令

G 指令		组	功　能	参数(后续地址字)
	G00	01	快速定位	X(U)_ Z(W)_
★	G01		直线插补	X(U)_ Z(W)_ F_
	G02		顺圆插补	X(U)_ Z(W)_ R_ F_ 或 X(U)_ Z(W)_ I_ K_ F_
	G03		逆圆插补	
	G04	00	暂停	P_
	G20	08	英吋输入	
★	G21		毫米输入	

续表

G指令		组	功　能	参数(后续地址字)
	G28	00	返回到参考点	X(U)_ Z(W)_
	G29		由参考点返回	X(U)_ Z(W)_
	G32	01	螺纹切削	X_ Z_ R_ E_ P_ F_
★	G36	17	直径编程	
	G37		半径编程	
★	G40	09	刀尖半径补偿取消	
	G41		左刀补	T_
	G42		右刀补	T_
★	G54	11	直接机床坐标系编程	
	G55		坐标系选择	
	G56		坐标系选择	
	G57		坐标系选择	
	G58		坐标系选择	
	G59		坐标系选择	
	G65	06	宏指令简单调用	P,A～Z
	G71		外径/内径车削复合循环	U_ R_ P_ Q_ X_ Z_ F_ S_ T_ 或U_ R_ P_ Q_ E_ F_ S_ T_
	G72		端面车削复合循环	W_ R_ P_ Q_ X_ Z_ F_ S_ T_
	G73		闭环车削复合循环	U_ W_ R_ P_ Q_ X_ Z_ F_ S_ T_
	G76		螺纹切削复合循环	C_ R_ E_ A_ X_ Z_ I_ K_ U_ V_ Q_ P_ F_
	G80		内径/外径车削固定循环	X_ Z_ I_ F_
	G81		端面车削固定循环	X_ Z_ K_ F_
	G82		螺纹切削固定循环	X_ Z_ I_ R_ E_ C_ P_ F_
★	G90	13	绝对值编程	
	G91		增量值编程	
	G92	00	工件坐标系设定	X_ Z_
★	G94	14	每分钟进给	
	G95		每转进给	
	G96	16	恒线速度有效	
★	G97		取消恒线速度	

注:(1)00组中的G代码是非模态的,其他组中的G代码是模态的;

(2)有★标记者为缺省值。

常用辅助功能(M)代码的编程指令如表 2-12 所示。

表 2-12　M 代码编程指令

M 功能字	含　义	格　式
M00	程序暂停，实际上是一个暂停指令。当执行有 M00 指令的程序段后，主轴的转动、进给、切削液都将停止	M00
M01	与 M00 的功能基本相似，只有在按下“选择停止”后，M01 才有效，否则车床继续执行后面的程序段；按“启动”键，继续执行后面的程序	M01
M02	该指令编写在程序的最后一条，表示执行完程序内所有的指令后，主轴停止、进给停止、切削液关闭，机床处于复位状态	M02
M03	用于主轴顺时针方向转动	M03　S_(常用)
M04	用于主轴逆时针方向转动	M04　S_
M05	主轴旋转停止	M05(常用)
M07	2 号冷却液开	M07
M08	1 号冷却液开	M08(常用)
M09	冷却液关	M09(常用)
M30	程序结束并返回程序起点	M30(常用)
M98	调用子程序	M98 P_ L_
M99	返回子程序	M99

思考练习

一、选择题

1. 准备功能 G90 表示的是________。

A. 预备功能　　B. 固定循环　　C. 绝对尺寸　　D. 增量尺寸

2. 使用直径坐标编程时，所有直径方向的参数都应使用________。

A. 绝对值　　B. 相对值　　C. 半径值　　D. 直径值

3. 润滑开、关指令为________。

A. M32、M33　　B. M06、M07　　C. M08、M09　　D. M10、M11

4. 在 N10 G01 X_ Y_ F_；后面程序段中使用________指令才能取代它。

A. G92　　B. G10　　C. G04　　D. G03

5. 在程序的最前面必须标明________。

A. 程序段号　　B. 程序段字　　C. 程序号　　D. 程序号字

6. 非模态指令是指________。

A. 连续有效指令　　B. 只在当前段有效指令

C. 换刀功能指令　　D. 转速功能指令

二、判断题

(　　)1. G01 为模态指令，可由 G00、G02、G03 或 G33 功能注销。

(　　)2. F 值给定的进给速度在执行 G00 之后就无效。

(　　)3. 程序 N100 G01 X100 Z80；N110 G01 X90 Z60；可以用 N100 G01 X100 Z80；N110 X90 Z60 代替。

(　　)4. 在程序编制前，编程员应了解所用数控车床的规格、性能、CNC 系统所具备的功能及程序指令格式等。

(　　)5. G00 指令可以用于切削加工。

三、简答题

1. 手工编程的一般过程主要有哪几个方面的内容？

2. 数控车床加工程序的结构是怎样的？一条完整的程序段包含哪些功能字？

四、编程题

如图 2-16 所示的零件图样，备料尺寸为 ϕ25×50，材料为铝。结合图样，完成必要的计算并编制数控车床加工程序。

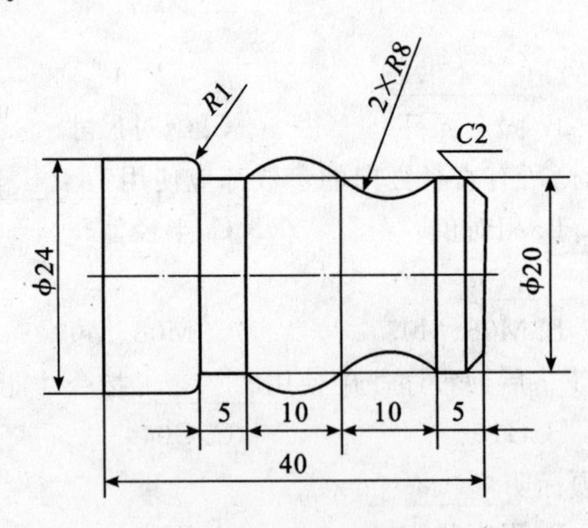

图 2-16　零件图样

任务二

内轮廓类零件加工

工作任务

(1)内轮廓类零件数控加工工艺制订,如图 2-17 所示。

(2)内轮廓类零件加工程序编制。

(3)内轮廓类零件加工操作。

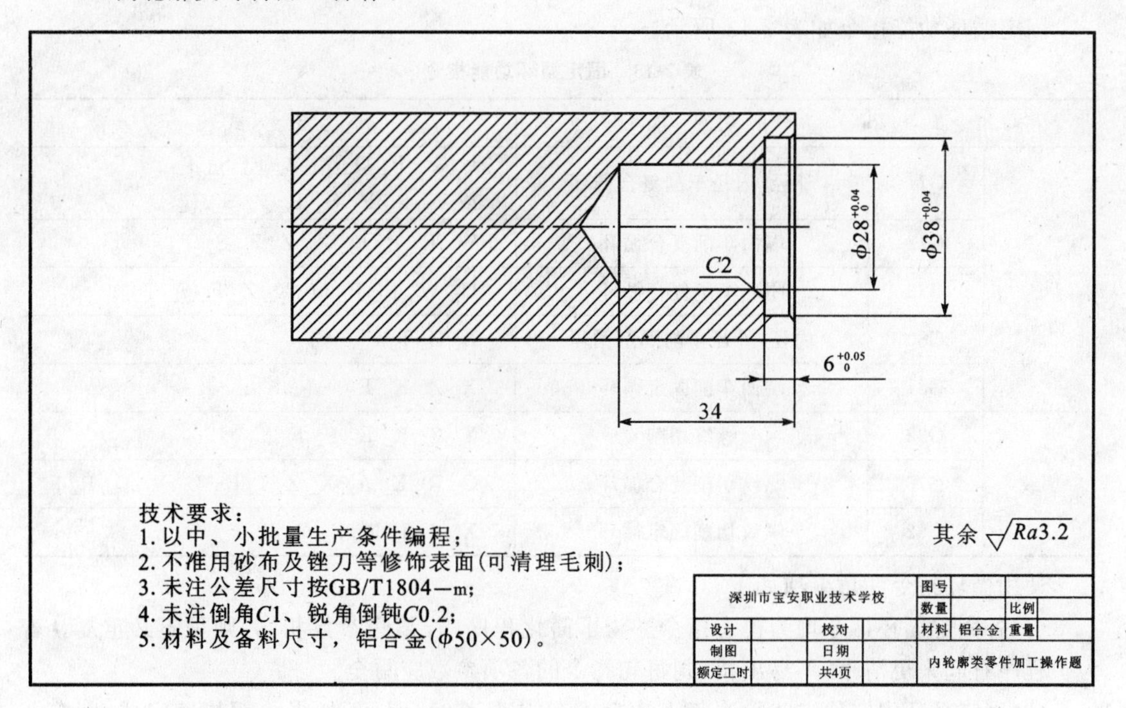

图 2-17　内轮廓类零件图样

相关知识

知识一 数控车床固定循环指令编程的概述

1. 固定循环指令的含义

数控加工中，通过指定加工参数，系统会自动计算粗加工路线和走刀次数，重复完成“切入→切削→退刀→返回”这一加工动作，从而简化编程的特殊指令，被称为固定循环指令。

2. 固定循环动作组成

(1)定位到循环起点；

(2)依据给定的精加工余量 X、Z，按轮廓轨迹循环分层切削；

(3)每次切削的下切深度为 U，退刀量为 R；

(4)最后一次切削沿粗车轮廓连续走刀，留有精车余量 X、Z；

(5)指令运行结束，刀具自动返回循环起点。

3. 固定循环指令格式及参数说明

固定循环功能指令如表 2-13 所示。

表 2-13 固定循环功能指令

G 指令		功 能	格 式
轮廓	G71	外径/内径车削复合循环	U_ R_ P_ Q_ X_ Z_ F_ S_ T_ 或 U_ R_ P_ Q_ E_ F_ S_ T_
	G72	端面车削复合循环	W_ R_ P_ Q_ X_ Z_ F_ S_ T_
	G73	闭环车削复合循环	U_ W_ R_ P_ Q_ X_ Z_ F_ S_ T_
	G80	内径/外径车削固定循环	X_ Z_ I_ F_
	G81	端面车削固定循环	X_ Z_ K_ F_
螺纹	G32	螺纹切削	X_ Z_ R_ E_ P_ F_
	G76	螺纹切削复合循环	C_ R_ E_ A_ X_ Z_ I_ K_ U_ V_ Q_ P_ F_
	G82	螺纹切削固定循环	X_ Z_ I_ R_ E_ C_ P_ F_

使用循环指令注意事项如下。

(1)各固定循环指令均为模态指令。为了简化程序，若某些参数相同，则可不必重复。若为了程序看起来更清晰，不易出错，则每句指令的各项参数应写全。

(2)固定循环中定位方式取决于上次是 G00 还是 G01，因此，如果希望快速定位，则在上一行或本语句开头加 G00。

(3)在固定循环指令前应使用 M03 或 M04 指令使主轴回转。

(4)在固定循环程序段中,X、Z 数据应至少有一个指令能进行设定。

知识二　数控车床轮廓类零件加工循环指令编程与加工技能

1. 内(外)径粗车复合循环 G71

1)无凹槽加工时

指令格式

G71 U_ R_ P_ Q_ X_ Z_ F_ S_ T_

指令说明

(1)完成由直线、圆弧组合母线构成的回转体工件的内(外)径粗车加工,采用平行于 Z 轴的分层切削方式,适用于无凹槽的工件加工,如图 2-18 所示。

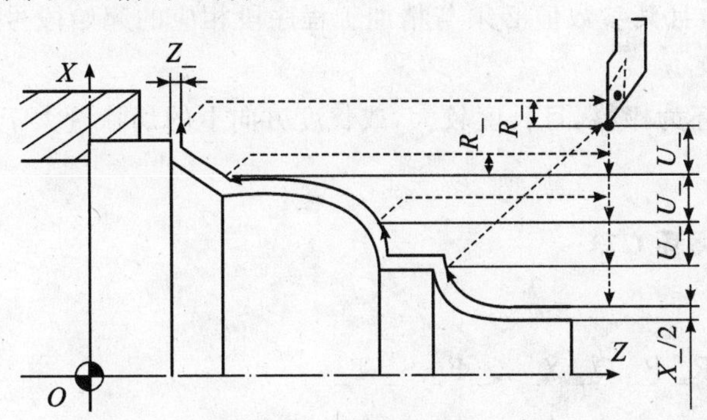

图 2-18　加工无凹槽工件粗车复合循环 G71

(2)U_:粗车每一层切削深度,为无符号参数。

(3)R_:每完成粗车一层后的退刀量。

(4)P_:描述刀具精加工轨迹的第一个程序段号。

(5)Q_:描述刀具精加工轨迹的最后一个程序段号。

(6)X_:X 方向保留的精加工余量。

(7)Z_:Z 方向保留的精加工余量。

(8)F_、S_、T_:粗加工时使用的 F、S、T,与精加工程序段中指定的 F_、S_、T_无关。

2)有凹槽加工时

指令格式

G71 U_ R_ P_ Q_ E_ F_ S_ T_

指令说明

(1)完成由直线、圆弧组合母线构成的回转体工件的内(外)径粗车加工,采用平行于 Z 轴的分层切削方式,适用于有凹槽的工件加工,如图 2-19 所示。

(2)U_、R_、P_、Q_、F_、S_、T_:参数的设定与无凹槽加工时的一致。

(3)E_:保留的精加工余量,为 X 方向的等高距离。

精加工余量的留出方向如果与坐标轴正向相同,则参数为正,否则为负。由于系统需要有

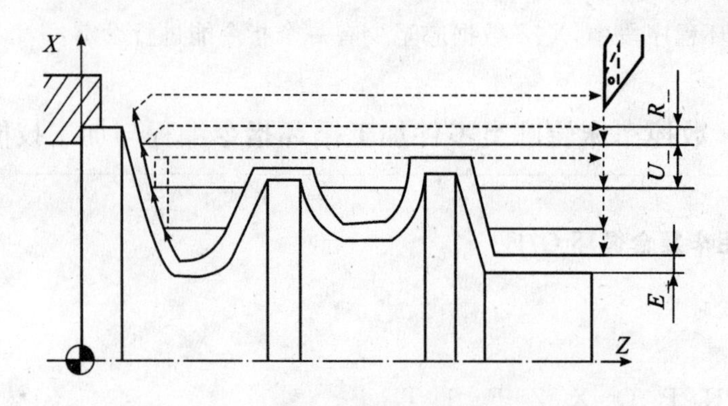

图 2-19 加工有凹槽工件粗车复合循环 G71

能够描述零件外形的精加工程序段，才能计算出相应的粗加工刀具运动轨迹，因此 G71 指令必须带有 P_、Q_参数，且其参数值必须与精加工程序段相应的起始段号、终止段号相对应，否则不能进行该循环加工。

该指令适用于毛坯为棒料、且长度较大，或长度方向上的切除量大于直径方向上的切除量的工件加工。

2. 闭环粗车复合循环 G73

指令格式

G73 U_W_ R_ P_ Q_ X_ Z_ F_ S_ T_

指令说明

(1)完成由直线、圆弧组合母线构成的回转体工件的粗车加工，采用平行于精加工时刀具运动轨迹的分层切削方式，如图 2-20 所示。

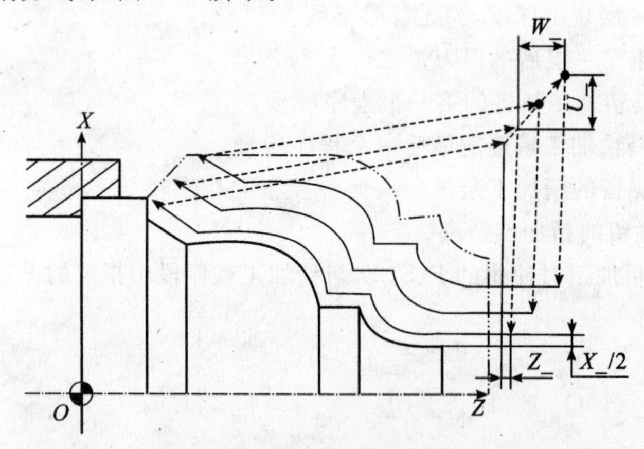

图 2-20 闭环粗车复合循环 G73

(2)U_：X 轴方向的粗加工总余量。

(3)W_：Z 轴方向的粗加工总余量。

(4)R_：粗切削次数。

(5)P_：描述精加工路径的第一个程序段号。

(6)Q_:描述精加工路径的最后一个程序段号。

(7)X_:X 方向保留的精加工余量。

(8)Z_:Z 方向保留的精加工余量。

(9)F_、S_、T_:粗加工时使用的 F、S、T,与精加工程序段中指定的 F_、S_、T_无关。

该指令适用于毛坯为铸造件或锻造件、已初步具备零件形状的工件加工,能进行高效率加工。每次 X、Z 方向的切削量为该方向上的粗加工总余量除以切削次数。要注意,精加工余量参数和粗加工余量参数的正负。

知识三　内轮廓类零件的加工刀具

1. 钻头刀具

钻头是用以在实体材料上钻削出通孔或盲孔,并能对已有的孔扩孔的刀具。车床上常用的钻头主要有麻花钻、中心钻,如图 2-21 所示。

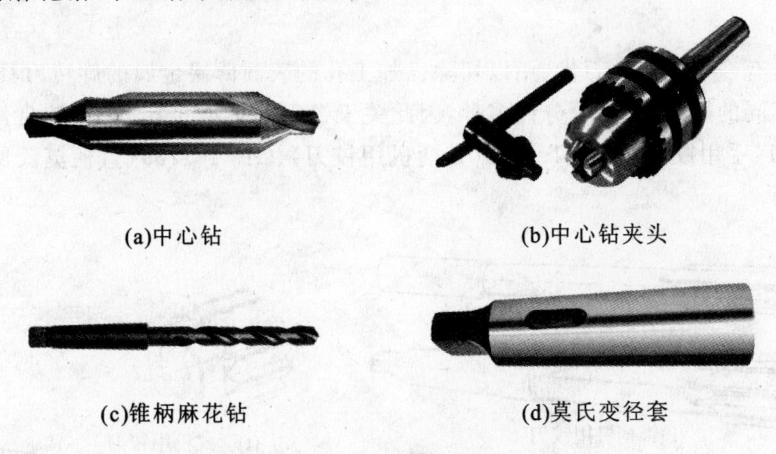

(a)中心钻　(b)中心钻夹头

(c)锥柄麻花钻　(d)莫氏变径套

图 2-21　各种钻头刀具

钻头刀具的使用注意事项如下:

(1) 在钻孔前最好先用中心钻钻一中心孔,有利于定位;

(2)钻头钻孔时注意冷却和排屑;

(3)加工大孔径时宜用高速钻头,可提高效率;

(4)加工完成后应及时清除缠绕在钻体上的铁屑,以保证排屑顺畅。

2. 镗孔刀具

(1)内孔车刀(镗孔车刀)是对锻出、铸出或钻出的孔进一步加工时所用的车床刀具。内孔车刀一般可分为通孔车刀、盲孔车刀两种,如图 2-22 所示。

(2)镗刀安装时应注意的事项。

①刀杆伸出刀架的长度应尽可能短,以增加刚性,避免因刀杆弯曲变形,而使钻出的孔产生锥形误差。

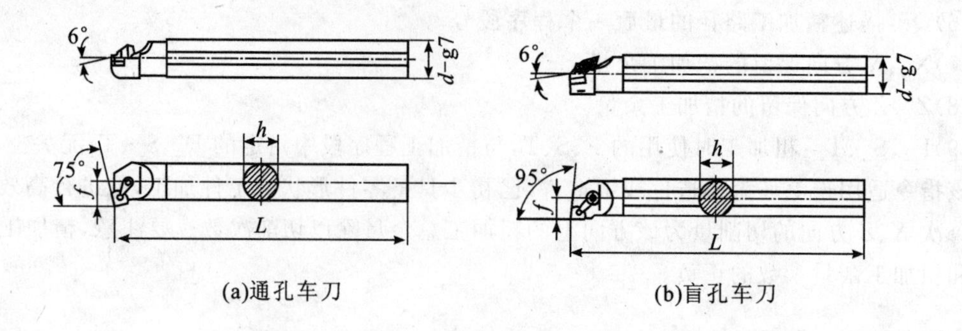

(a)通孔车刀　　(b)盲孔车刀

图 2-22　内孔车刀

②刀尖应略高于工件旋转中心，以减小振动和扎刀现象，防止镗刀下部碰坏孔壁，影响加工精度。

③刀杆要装正，不能歪斜，以防止刀杆碰坏已加工表面。

3. 铰刀

铰刀是具有一个或多个刀齿、用以切除已加工孔的表面薄层金属的旋转刀具，常用于孔的精加工。按不同的用途，铰刀可分许多种，因此关于铰刀的标准也比较多，较常用的一些标准有 GB/T 1131(手用铰刀)、GB/T 1132(直柄机用铰刀)、GB/T 1139(直柄莫氏圆锥铰刀)等，如图 2-23 所示。

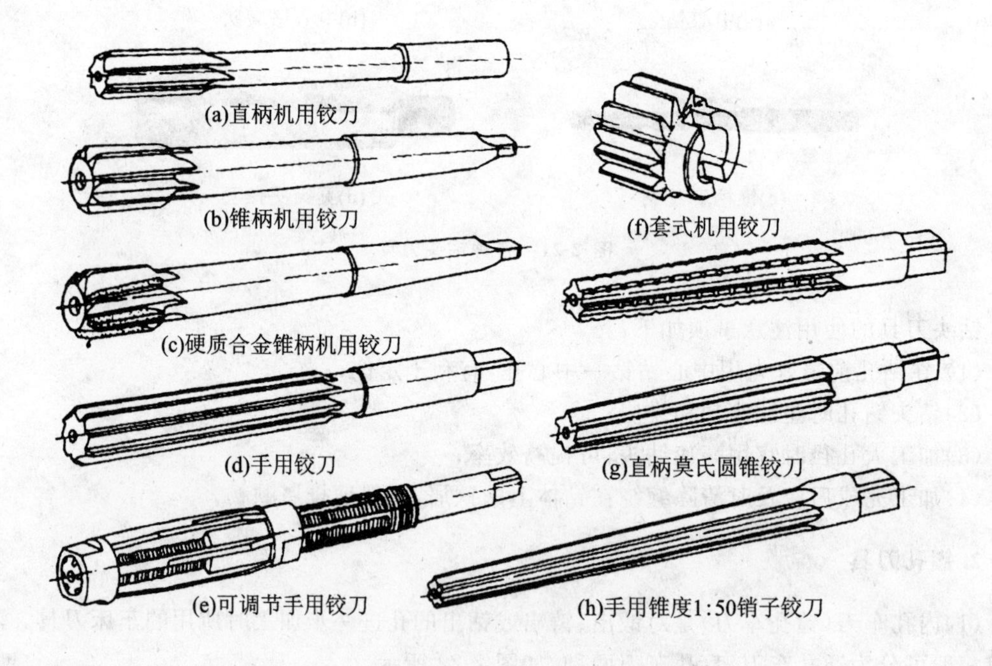
(a)直柄机用铰刀
(b)锥柄机用铰刀
(c)硬质合金锥柄机用铰刀
(d)手用铰刀
(e)可调节手用铰刀
(f)套式机用铰刀
(g)直柄莫氏圆锥铰刀
(h)手用锥度1:50销子铰刀

图 2-23　常用铰刀

任务实施

实施一　目的及要求

(1)掌握固定循环指令相关知识。

(2)学会选择具有内轮廓特征零件的切削刀具。

(3)学会制订数控车床内轮廓类零件加工工艺。

(4)学会数控车床内轮廓类零件加工编程与加工技能。

(5)能够掌握数控车床正确安装镗孔刀具及其对刀操作方法。

实施二　设备及器材

内轮廓零件加工的设备及器材如表 2-14 所示。

表 2-14　设备与器材表

项　目	名　称	规　格	数　量
设备	数控车床	华中数控系统或 FANUC 系统	8～10 台
夹具	三爪卡盘	250 mm	8～10 台
刀具	锥柄钻、内孔车刀	莫氏 3 号 ϕ25 mm、YT15	各 8～10 把
量具	游标卡尺	200mm/0.02	8～10 把
	内径量表	18～35mm	8～10 把
其他	毛刷、扳手、垫片等	配套	一批

实施三　内容与步骤

1. 制订加工工艺

1)零件图样工艺分析

该零件为简单的内轮廓结构，内形为两个台阶；加工内容包括钻孔、镗孔，零件的几何尺寸精度、形位精度要求，数控车床均可以达到；材料为铝合金，便于机械加工，可以选择数控铣加工。

2)确定零件的装夹方式

零件外形为结构单一的圆柱形结构，用三爪卡盘装夹即可实现合理、准确的定位与夹紧。

3)加工顺序与刀具选择

具体加工顺序及刀具选择如表 2-15 所示。

表 2-15 加工顺序及刀具

内轮廓零件加工顺序和刀具的选择			
程序号	刀 具	材 料	加工内容
O1	ϕ25 锥柄麻花钻	高速钢	钻 34 mm 深的孔
O2	90°盲孔车刀	YT15	粗车工件右端内轮廓
O3	90°盲孔车刀	YT15	精车工件右端内轮廓

4)切削用量的选择

(1)钻盲孔时,F=50 mm/min,S=300 r/min。

(2)粗车内轮廓时,F=120 mm/min,a_p=1.0 mm,S=600 r/min。

(3)精车内轮廓时,F=100 mm/min,a_p=0.5 mm,S=1200 r/min。

2. 编制零件加工程序

内轮廓零件加工编程示意如图 2-24 所示。

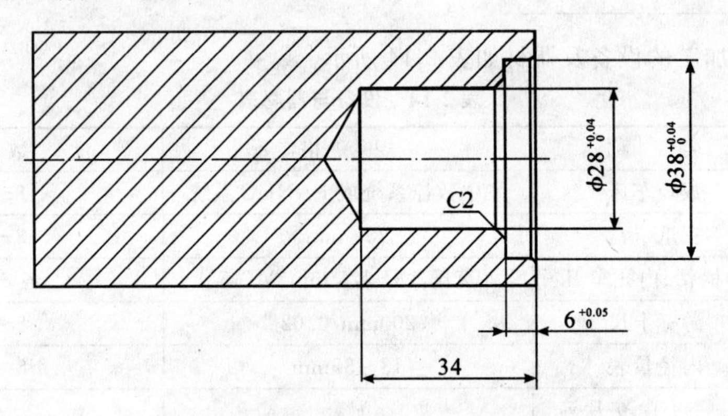

图 2-24 车内轮廓零件编程示意图

粗、精车工件右端内轮廓加工程序如表 2-16 所示。

表 2-16 加工程序

O2(粗加工)	O3(精加工)
%1	%1
T0202	T0202
M3 S600	M3 S1200
M8	M8
G0 X25 Z3	G0 X25 Z3
G71 U1 R−1 P1 Q2 X−0.3 Z0.1 F120	
N1 G1 X41 F100	N1 G1 X41 F100
Z0	Z0

续表

O2(粗加工)	O3(精加工)
X38 C1	X38 C1
Z−6	Z−6
X28 C2	X28 C2
W−28	W−28
N2 X25	N2 X25
G0 Z100	G0 Z100
M30	M30

3. 加工操作

开机、返回机床参考点、装夹工件、钻孔、装刀、对刀、输入程序并校验程序。当程序校验无误后，调用相应程序开始自动加工。

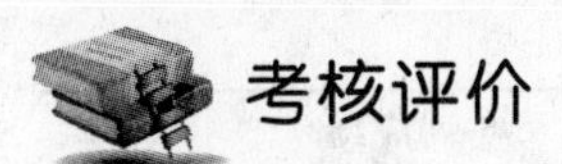

考核评价

考评一　考核检验

学习内轮廓零件数控加工的考核评价如表 2-17 所示。

表 2-17　考核评价表

项　　目	序号	考核内容及要求	学生自评	学生互评	教师评价
数控加工工艺的设计	1	装夹方案的合理性			
	2	加工路线和工序划分的合理性			
	3	刀具和切削用量选择的合理性			
编制零件加工程序	4	零件钻孔操作正确性			
	5	内孔车刀对刀操作的正确性			
	6	零件内轮廓编程的正确性			
零件加工与检测	7	数控车床操作的安全性			
	8	加工零件的正确性			
	9	检测加工零件的精度			
综合评价	10	考核评价标准：(优、良、中、合格、不合格) 纪律评价(20%)　考核评价(80%)			
签名	学生自评签名(　　　)学生互评签名(　　　)教师评价签名(　　　)				

考评二　学习反思

对内轮廓类零件数控加工的学习反思如表 2-18 所示。

表 2-18　学习反思类型及内容

类　型	内　容
掌握知识	
掌握技能	
收获体会	
需解决的问题	
学生签名	

考评三　评价成绩

学习内轮廓类零件数控加工的评价成绩如表 2-19 所示。

表 2-19　评价及成绩

学生自评	学生互评	综合评价	实训成绩	
			技能考核(80%)	
			纪律情况(20%)	
			实训总成绩	
			教师签名	

拓展内容

拓展一　倒角加工

在数控车床加工的大量零件中,45°的倒角和圆角是很常见的。在编制这些结构的数控加工程序时,如果使用直线插补或者圆弧插补,那么坐标点的计算和指令的使用会使工作变得烦琐。为了方便编程,指令系统中提供了用于倒角加工的参数,在编程时只需直接指定倒角参数,数控装置自动计算刀具运动轨迹,完成倒角的正确加工。

1. 直线尾端倒角

1)直线尾端倒直角

指令格式

G01 X(U)_ Z(W)_ C_ F_

指令说明

(1)X_、Z_:为绝对编程时,未倒角前运动终点在工件坐标系中的坐标。

(2)U_、W_:为增量编程时,未倒角前运动终点相对于起点的偏移量。

(3)R_:倒角宽度。

(4)F_:进给速度。

2)直线尾端倒圆角

指令格式

G01 X(U)_ Z(W)_ R_ F_

指令说明

(1)X_、Z_:为绝对编程时,未倒角前运动终点在工件坐标系中的坐标。

(2)U_、W_:为增量编程时,未倒角前运动终点相对于起点的偏移量。

(3)R_:圆角半径。

(4)F_:进给速度。

2. 数控车床刀尖圆弧半径补偿

刀具长度补偿的概念及格式。

指令格式

$$\left\{\begin{array}{c} G40 \\ G41 \\ G42 \end{array}\right\}\left\{\begin{array}{c} G00 \\ G01 \end{array}\right\} X\_Z\_$$

指令说明

(1)数控程序一般是针对刀具上的某一点即刀位点,按工件轮廓尺寸编制的。车刀的刀位点一般为理想状态下的假想刀尖点或刀尖圆弧圆心点。但实际加工中的车刀,由于工艺或其他要求,刀尖往往不是一理想点,而是一段圆弧。当切削加工时,刀具切削点在刀尖圆弧上变动;造成实际切削点与刀位点之间的位置有偏差,故造成过切或少切。这种由于刀尖不是一理想点而是一段圆弧,造成的加工误差,可用刀尖圆弧半径补偿功能来消除。

(2)刀尖圆弧半径补偿是通过 G40、G41、G42 代码及 T 代码指定的刀尖圆弧半径补偿号来加入或取消半径补偿。

(3)G40:取消刀尖半径补偿。

(4)G41:左刀补(在刀具前进方向左侧补偿),如图 2-25(a)所示。

(5)G42:右刀补(在刀具前进方向右侧补偿),如图 2-25(b)所示。

(6)X_,Z_:G00/G01 的参数,即建立刀补或取消刀补的终点。

(7)G40、G41、G42 都是模态代码,可相互注销。

注意:

(1)G41/G42 不带参数,其补偿号(代表所用刀具对应的刀尖半径补偿值)由 T 代码指定。其刀尖圆弧补偿号与刀具偏置补偿号对应。

(2)刀尖半径补偿的建立与取消只能用 G00 或 G01 指令,不得是 G02 或 G03。

(3)刀尖圆弧半径补偿存储器中,定义了车刀圆弧半径及刀尖的方向号。

(4)车刀刀尖的方向号定义了刀具刀位点与刀尖圆弧中心的位置关系,其从 0～9 有十个方向,如图 2-26 所示。

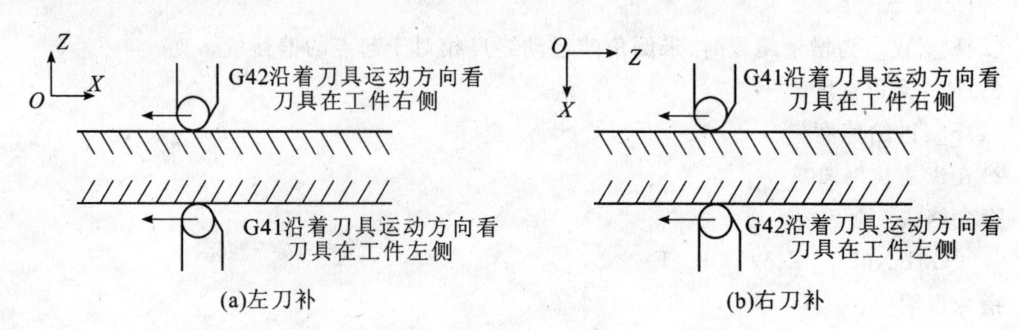

图 2-25　左刀补和右刀补

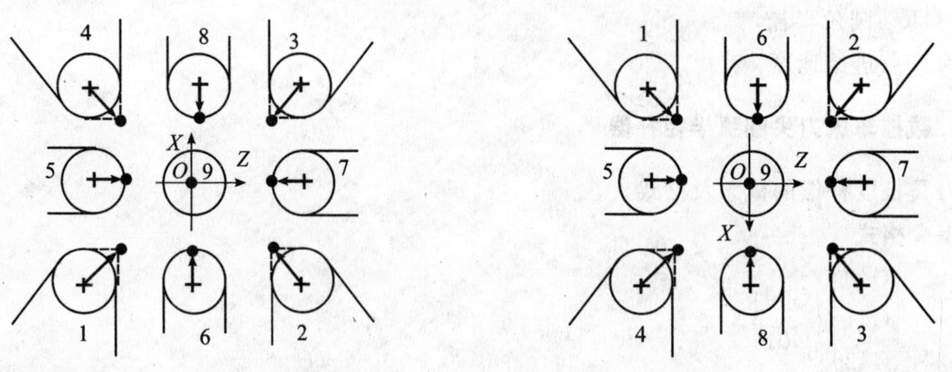

图 2-26　车刀刀尖位置码定义

思考练习

一、选择题

1. 在华中数控系统 HNC－22T 中，G80 是________切削循环指令。
   A. 钻孔　　B. 端面　　C. 外圆　　D. 复合
2. 在车床上加工内轮廓时，可选用________车刀。
   A. 内孔　　B. 45°　　C. 圆头车刀　　D. 90°偏刀
3. 复合循环指令 G71 中，参数 U 的含义是________。
   A. 背吃刀量　　B. 切削速度　　C. 进给量　　D. 转速
4. 复合循环指令 G71 格式为：G71 U()________()P() Q() X() Z() F()。
   A. A　　B. O　　C. R　　D. C
5. 倒角加工指令 G01 X(U)_ Z(W)_ C_ F_中 C 的含义是________。
   A. 进给速度　　B. 主轴转速　　C. 倒角宽度　　D. 圆弧半径

二、判断题

(　　)1. 直线插补指令(G01)中，用 F 指定的速度是沿着直线移动的刀具速度。
(　　)2. 数控车床可钻孔、镗孔、铰孔。

(　　)3. 数控系统中，固定循环指令一般用于精加工循环。

(　　)4. 孔的尺寸精度就是指孔的直径尺寸。

(　　)5. 内轮廓加工中，钻底孔的钻头大小可以任意选取。

三、简答题

1. 数控车床固定循环指令编程的动作组成是什么？

2. 数控车床使用固定循环指令编程应注意什么？

3. 说说内轮廓加工中的注意事项。

四、编程题

运用 G71 指令编写如图 2-27 所示零件的内轮廓加工程序。

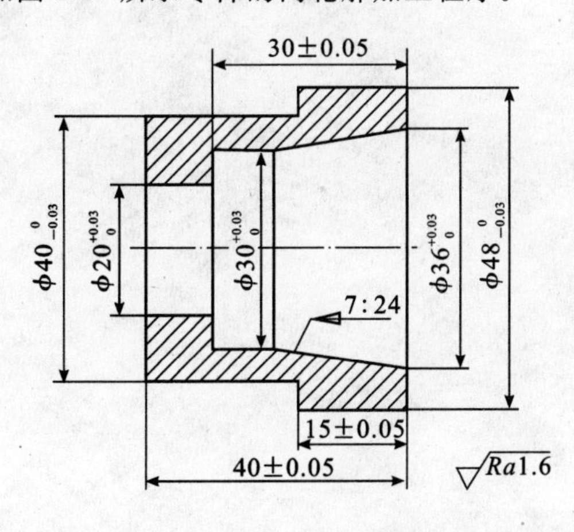

图 2-27　零件图样

数控车床槽类零件加工

通过数控车床槽类零件的编程与加工，巩固数控车床外形零件的编程和加工技能，提高制订数控加工工艺的能力。

通过本项目的学习和训练，了解切槽加工的基本概念，学会槽类零件的编程技巧；掌握数控车床槽类零件的编程和加工技能。通过简单零件编程和加工训练，学生能够独立地完成槽类零件的加工。建议外槽类零件加工用 5 课时，内槽类零件加工用 4 课时。

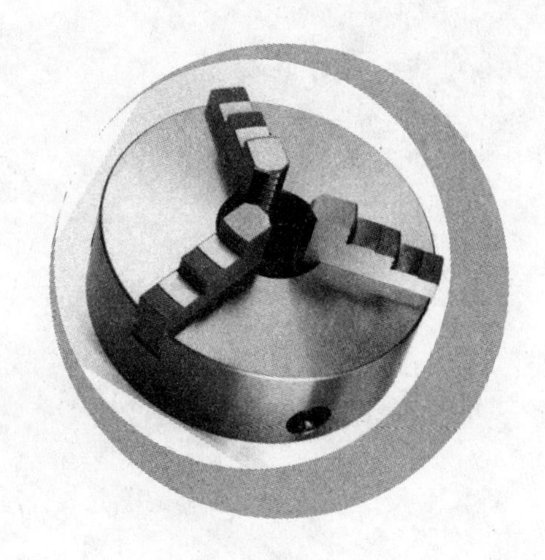

知识目标

(1)了解各类切槽刀具的选用方法。
(2)掌握数控车床槽类零件的加工工艺。
(3)掌握数控车床槽类零件的编程方法。

技能目标

(1)学会在三爪自定心卡盘上校正工件毛坯的方法。
(2)学会切槽刀具的正确安装及对刀方法。
(3)学会合理制订槽类零件的加工工艺。
(4)学会槽类零件的加工和质量控制。
(5)学会槽类零件的检测方法。

素质目标

(1)培养协作和团队意识。
(2)培养社会生产管理能力。

任务一

外槽类零件加工

工作任务

(1)简单外槽类零件数控加工工艺制订,如图 3-1 所示。

(2)简单外槽类零件程序编制。

(3)简单外槽类零件加工和质量控制。

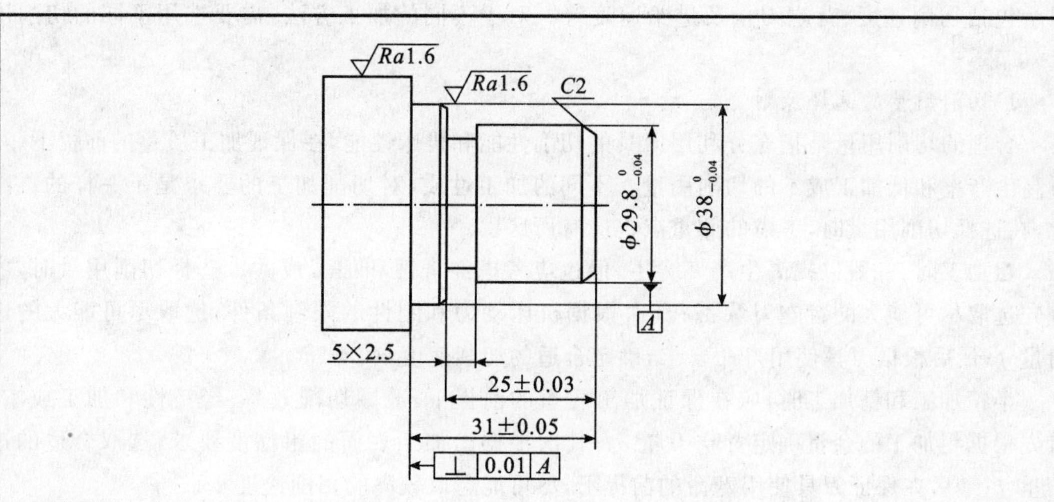

图 3-1　零件图样

相关知识

知识一　三爪自定心卡盘上工件毛坯校正

三爪自定心卡盘上工件毛坯装夹、校正的步骤和方法如下。

第 1 步:用卡盘轻轻夹住毛坯,将百分表固定在工作台面上,触头触压在圆柱侧母线的上方,如图 3-2 所示。

第 2 步:用手轻拔卡盘使其缓慢转动,根据百分表的读数,用铜棒轻敲工件进行调整,当再次旋转主轴、百分表读数不变时,找正结束。

第 3 步:找正后,夹紧工件。

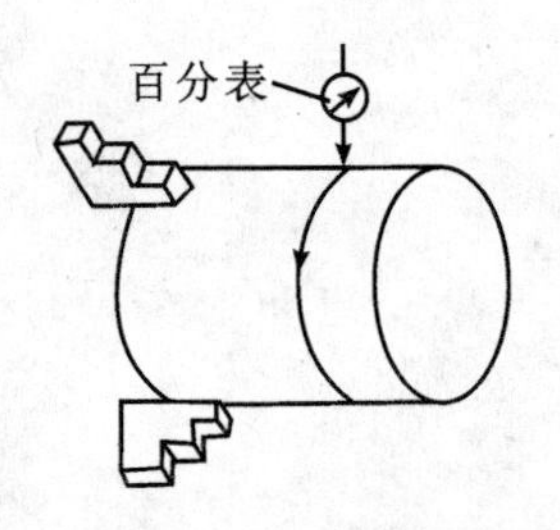

图 3-2　用百分表找正工件

知识二　切削用量和切削液的选择

1. 切削用量

数控编程时,编程人员必须确定每道工序的切削用量,并以指令的形式写入程序中。切削用量包括切削速度、背吃刀量及进给速度等。对于不同的加工方法,需要选用不同的切削用量。

1)切削用量的选择原则

合理的切削用量是指充分利用刀具的切削性能和机床性能,在保证加工质量的前提下,获得高生产率和低加工成本的切削用量。不同的加工性质,对切削加工的要求是不一样的。因此,在选择切削用量时,考虑的侧重点也应有所区别。

粗加工时,一般以提高生产率为主,但也应考虑经济性和加工成本。选择切削用量时,应首先选取尽可能大的背吃刀量 α_p;其次根据机床动力和刚性的限制条件,选取尽可能大的进给量 f;最后根据刀具使用寿命要求,确定合适的切削速度 v_c。

半精加工和精加工时,应在保证加工质量的前提下,兼顾切削效率、经济性和加工成本。首先根据粗加工的余量确定背吃刀量 α_p;其次根据已加工表面的粗糙度要求,选取合适的进给量 f;最后在保证刀具使用寿命的前提下,尽可能选取较高的切削速度 v_c。

2)切削用量的选择方法

(1)背吃刀量的选择。

背吃刀量由机床、工件和刀具的刚度来决定,在刚度允许的条件下,粗加工时,除留下精加工余量外,一次走刀尽可能切除全部余量。在加工余量过大、工艺系统刚性较低、机床功率不足、刀具强度不够等情况下,可分多次走刀。当切削表面有硬皮的铸锻件时,应尽量使 a_p 大于硬皮层的厚度,以保护刀尖。精加工的加工余量一般较小,可一次切除。

确定背吃刀量的原则如下。

① 在要求工件表面粗糙度 Ra 值为 12.5～25 μm 时，如果数控加工的加工余量小于 5～6 mm，粗加工一次进给就可以达到要求。但在余量较大、工艺系统刚性较差或机床动力不足时，可分多次进给完成。

② 在要求工件表面粗糙度 Ra 值为 3.2～12.5 μm 时，可分粗加工和半精加工两步进行。粗加工时的背吃刀量选取同前。粗加工后留 0.5～1.0 mm 余量，在半精加工时切除。

③在要求工件表面粗糙度 Ra 值为 0.8～3.2 μm 时，可分粗加工、半精加工、精加工三步进行。半精加工时的背吃刀量取 1.5～2 mm。精加工时，背吃刀量取 0.3～0.5 mm。

(2)进给速度(进给量)的确定。

进给速度是数控机床切削用量中的重要参数，主要根据零件的加工精度和表面粗糙度要求以及刀具、工件的材料性质选取，最大进给速度受机床刚度和进给系统的性能限制。

粗加工时，由于对工件的表面质量没有太高的要求，这时主要根据机床进给机构的强度和刚性、刀杆的强度和刚性、刀具材料、刀杆和工件尺寸以及已选定的背吃刀量等因素来选取进给速度。

精加工时，按表面粗糙度要求、刀具及工件材料等因素来选取进给速度。

(3)切削速度的确定。

切削速度 v_c 可根据已经选定的背吃刀量、进给量及刀具使用寿命进行选取。实际加工过程中，切削速度也可根据生产实践经验和查表的方法来选取。

粗加工或工件材料的加工性能较差时，宜选用较低的切削速度。精加工或刀具材料、工件材料的切削性能较好时，宜选用较高的切削速度。

确定切削速度的原则：

①当工件的质量要求能够得到保证时，为提高生产效率，可选择较高的进给速度，一般在 100～200 m/min 范围内选取。

②在切断、加工深孔或用高速钢刀具加工时，宜选择较低的进给速度，一般在20～50 m/min 范围内选取。

③当加工精度、表面粗糙度要求高时，进给速度应选小些，一般在 20～50 m/min 范围内选取。

④刀具空行程时，特别是远距离“回零”时，可以选择该机床数控系统设定的最高进给速度。

(4)主轴转速的确定。

主轴转速应根据允许的切削速度和工件(或刀具)直径来选择，其计算公式为

$$n=1000v_c/\pi D$$

式中：v_c——切削速度，单位为 m/min，由刀具的耐用度决定；

n——主轴转速，单位为 r/min；

D——工件直径或刀具直径，单位为 mm。

计算所得的主轴转速 n 最后要根据机床说明书选取机床已有的或较接近的转速。

3)硬质合金刀具切削用量选择推荐表

在工厂的实际生产过程中，切削用量一般根据经验并通过查表的方式进行选取。常用硬质合金或涂层硬质合金刀具切削不同材料时的切削用量推荐值如表 3-1 所示。

表 3-1　硬质合金或涂层硬质合金切削用量的推荐值

刀具材料	工件材料	粗加工			精加工		
		切削速度/(m/min)	进给量/(mm/r)	背吃刀量/mm	切削速度/(m/min)	进给量/(mm/r)	背吃刀量/mm
硬质合金或涂层硬质合金	碳钢	220	0.2	3	260	0.1	0.4
	低合金钢	180	0.2	3	220	0.1	0.4
	高合金钢	120	0.2	3	160	0.1	0.4
	铸铁	80	0.2	3	140	0.1	0.4
	不锈钢	80	0.2	2	120	0.1	0.4
	钛合金	40	0.2	1.5	60	0.1	0.4
	灰铸铁	120	0.3	2	150	0.15	0.5
	球墨铸铁	100	0.3	2	120	0.15	0.5
	铝合金	1600	0.2	1.5	1600	0.1	0.5

注：当进行切深进给时，进给量取表中相应值的一半。

2. 切削液

切削液的选择，除了取决于切削液本身的性能外，还取决于工件材料、刀具材料和加工方法等因素，选择时应综合考虑。

1）切削液的选择依据

在某一加工工序中需要使用什么样的切削液，主要根据以下几方面来考虑。

（1）改善材料切削加工性能：如减小切削力和摩擦力，抑制积屑瘤及鳞刺的生长以降低工件加工表面粗糙度，提高加工尺寸精度；降低切削温度，延长刀具耐用度。

（2）改善操作性能：如冷却工件，使其容易装卸，冲走切屑，避免过滤器或管道堵塞；减少冒烟、飞溅、气泡，无特殊臭味，使工作环境符合卫生安全规定；不引起机床及工件生锈，不损伤机床油漆；不易变质，便于管理，对使用完的废液处理简单，不引起皮肤过敏，对人体无害。

（3）经济效益及费用的考虑：包括购买切削液的费用，补充费用，管理费用及提高效益、节约费用等。

（4）法规、法令方面的考虑：如劳动安全卫生法、消防法、污水排放法等法规。

2）根据工件材料、加工方法选择切削液

粗加工和半精加工时切削热量大，因此，切削液的作用应以冷却散热为主。精加工和超精加工时，为了获得良好的已加工表面质量，切削液应以润滑为主。硬质合金刀具的耐热性较好，一般可不用切削液。由于难加工材料的切削加工均处于高温、高压的边界润滑摩擦状态，因此，宜选用极压切削油或极压乳化液。

数控车削加工切削液的选择可参考表 3-2。

表 3-2　数控车削加工切削液选用参考表

工件材料		碳钢、合金钢		不锈钢		耐热合金		铸铁		铜及其合金		铝及其合金	
刀具材料		高速钢	硬质合金	高速钢	硬质合金	高速钢	硬质合金	硬质合金	高速钢	硬质合金	高速钢	硬质合金	高速钢
加工方法	粗车	3、1、7	0、3、1	7、4、2	0、4、2	2、4、7	8、2、4	0、3、1	0、3、1	3、2	0、3、0	0、3	0、3
	精车	4、7	0、2、7	7、4、2	0、4、2	2、8、4	8、4	0、6	0、6	3、2	0、3、2	0、6	0、6

注：表中数字代表意义如下：0—干切削；1—润滑性不强的化学合成液；2—润滑性较好的化学合成液；3—普通乳化液；4—极压乳化液；5—普通切削油；6—煤油；7—含硫、氯的极压切削油或植物油和矿物油的复合油；8—含硫氯、氯磷或硫氯磷的极压切削油。

3)根据刀具材料选择切削液

(1)工具钢刀具。

其耐热温度在 200～300 ℃之间，只能适用于一般材料的切削，在高温下会失去硬度。由于这种刀具耐热性能差，要求冷却液的冷却效果要好，一般宜采用乳化液。

(2)高速钢刀具。

这种材料是以铬、镍、钨、钼、钒(有的还含有铝)为基础的高级合金钢，耐热性明显地比工具钢的高，允许的最高温度可达 600 ℃。与其他耐高温的金属和陶瓷材料相比，高速钢有许多优点，特别是有较高的韧性，适合于几何形状复杂的工件和连续的切削加工，而且高速钢具有良好的可加工性和价格上容易被接受等特点。使用高速钢刀具进行低速和中速切削时，建议采用油基切削液或乳化液。在高速切削时，由于发热量大，宜采用水基切削液。若使用油基切削液会产生较多油雾，污染环境，而且容易造成工件烧伤，加工质量下降，刀具磨损增大。

(3)硬质合金刀具。

用于切削刀具的硬质合金是由碳化钨(WC)、碳化钛(TiC)、碳化钽(TaC)和 5%～10%的钴组成，硬度大大超过高速钢的硬度，最高允许工作温度可达 1000 ℃，具有优良的耐磨性能。在加工钢铁材料时，可减少切屑间的黏结现象。在选用切削液时，要考虑硬质合金对骤热的敏感性，尽可能使刀具均匀受热，否则会导致崩刃。在加工一般的材料时，经常采用干切削，但在干切削时，工件温升较高，使工件易产生热变形，影响工件加工精度，而且在没有润滑剂的条件下进行切削，由于切削阻力大，使功率消耗增大，刀具的磨损也加快。由于硬质合金刀具价格较贵，所以从经济方面考虑，干切削也是不合算的。在选用切削液时，一般油基切削液的热传导性能较差，使刀具产生骤冷的危险性要比水基切削液的小，所以一般选用含有抗磨添加剂的油基切削液为宜。在使用冷却液进行切削时，要注意均匀地冷却刀具，在开始切削之前，最好预先用切削液冷却刀具。对于高速切削，要用大流量切削液喷淋切削区，以免造成刀具受热不均匀而产生崩刃，亦可减少由于温度过高产生蒸发而形成的油烟污染。

(4)陶瓷刀具。

陶瓷刀具是采用氧化铝、金属和碳化物在高温下烧结而成的。这种材料的高温耐磨性比硬质合金的还要好，一般采用干切削，但考虑到均匀的冷却和避免温度过高，也常使用水基切削液。

(5)金刚石刀具。

金刚石刀具具有极高的硬度，一般使用干切削。为避免温度过高，也像陶瓷材料一样，许多情况下采用水基切削液。

4)根据机床要求选择切削液

选择切削液时，必须考虑机床结构是否适应。一般要按照机床说明书规定的切削液品种，如没有特殊理由不要轻易更改，以免导致机床损坏。

5)切削液的使用方法

普遍使用的方法是浇注法，由于浇注法的切削液流速慢($v<10$ m/s)、压力低($p\leqslant$ 0.05 MPa)，难于直接渗透入最高温度区，因此，仅用于普通金属切削机床的切削加工。加工时，应尽量将切削液浇注到切削区。

对于深孔加工和难加工材料的加工，以及高速强力磨削，应采用高压冷却法。切削时切削液工作压力为1～10 Mpa，流量为50～150 L/min。

喷雾冷却法是一种较好的使用切削液的方法，适用于难加工材料的加工以及刀具的刃磨。加工时，切削液被压缩空气通过喷雾装置雾化，并被高速喷射到切削区。

6)根据经济效益选择

选择切削液时必须进行综合的经济分析，正确地评价切削液的经济效益。费用大致有：购买切削液的费用、切削液的管理费用、切削刀具的耗损费、生产效率的提高所耗费用、切削液的使用寿命、切削液的废弃处理费用等诸多方面。在加工产品的总费用中，购买切削液的费用只占很小一部分。如果正确地选用了切削液而改善了产品质量和操作环境，提高了加工效率，延长了刀具的耐用度，减少了切削液补充、管理的费用，则会带来显著的经济效益。如果选用不当，则会产生相反的效果，所以需要进行综合的经济分析。

7)其他方面的考虑

如果选用了油基切削液，则需要考虑防火安全性；如果选用了水基切削液，则应考虑切削液的排放问题，企业应具备废液处理设施和采取相应措施。另外，需要遵循安全卫生法、消防法、污水排放法等法规。

任务实施

实施一 目的及要求

(1)学会在三爪自定心卡盘上进行工件毛坯校正。

(2)掌握切槽刀具的安装及对刀方法。

(3)掌握外槽类零件数控加工工艺的制订。

(4)学会数控车床外槽类零件加工的编程方法。

(5)学会方料双面简化功能类零件加工和质量控制。

实施二 设备及器材

外槽类零件加工的设备及器材如表3-3所示。

表 3-3　设备及器材

项　　目	名　　称	规　　格	数　　量
设备	数控车床	华中数控系统	8～10 台
夹具	三爪卡盘	250 mm	8～10 台
刀具	切槽车刀	刃宽 5 mm	8～10 把
量具	游标卡尺	150 mm	8～10 把
	百分表	0.02	8～10 块
其他	毛刷、扳手、垫片等	配套	一批

实施三　内容与步骤

1. 制订零件加工工艺

分析零件图样，制订外槽类零件的数控加工工艺。

1)零件图样工艺分析

零件结构很简单，主要特征为二维轮廓，单边加工。工件的材料为铝合金，具有良好的机械切削性能，一般的高速钢刀具即可满足加工要求。

2)确定装夹方案

由于该零件毛坯为普通圆柱体，而且是单边加工，其左端有一个很好的装夹平面，选用三爪卡盘一次装夹就可达到要求。

3)确定加工顺序及刀具选择

加工顺序是先加工右端外轮廓再加工右端外槽，具体加工顺序及刀具选择如表 3-4 所示。

表 3-4　加工顺序及刀具选择

外槽类零件的加工顺序及刀具选择			
程序号	刀具	材料	加工内容
O1	90°外圆车刀	TY15	粗车工件右端外轮廓
O2	90°外圆车刀	TY15	精车工件右端外轮廓
O3	5 mm 外切槽刀	高速钢	粗车工件右端外槽
O4	5 mm 外切槽刀	高速钢	精车工件右端外槽

4)切削用量的选择

(1)粗车外槽时，F=60 mm/min，S=600 r/min。

(2)精车外槽时，F=80 mm/min，a_p=0.5 mm，S=800 r/min。

2. 编写零件加工程序

粗、精加工外槽类零件的编程示意如图 3-3 所示，加工程序如表 3-5 所示。

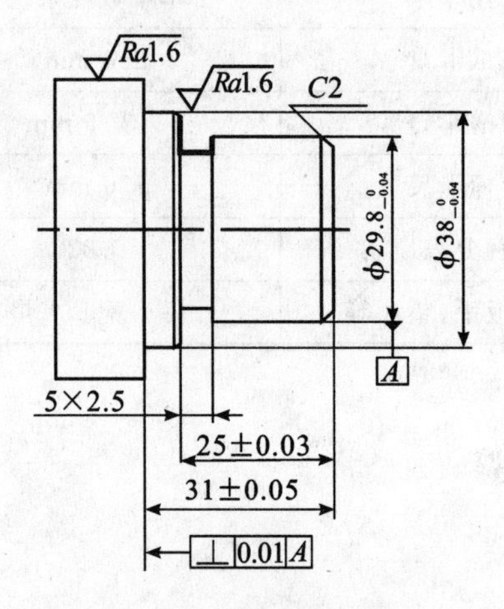

图 3-3　外槽加工编程示意图

表 3-5　加工程序

O3(粗加工)	O4(精加工)
%1	%1
T0303	T0303
M3 S600	M3 S800
G0 X100 Z100	G0 X100 Z100
M8	M8
G0 X51 Z3	G0 X51 Z3
G1 Z−25 F500	G1Z−25
X24.8 F60	X24.8 F80
G0 X51	G0 X51
G0 X100 Z100	G0 X100 Z100
M30	M30

3. 零件加工及检测

操作数控车床加工外槽类零件，并使用游标卡尺进行零件质量检测。

游标卡尺是一种结构简单且比较精密的量具，可以直接测量工件的外形尺寸，如长度、深度和内外径尺寸，此外还可测量出两个不大平面的平行度，如图 3-4 所示。

游标卡尺的测量步骤是：先读出副尺零线左面主尺上的取整毫米数，再读出副尺与主尺对齐刻线处的小数毫米数，最后将两数相加即为测量所得尺寸值。使用过程中应特别注意的是：测量前卡身须干净，两卡爪贴合后无空隙且副尺零刻线与主尺零刻线对齐；测量时测量力的大小是使两卡爪刚好贴合被测工件表面为宜；测量时适当地晃动一下尺身，防止卡尺歪斜。

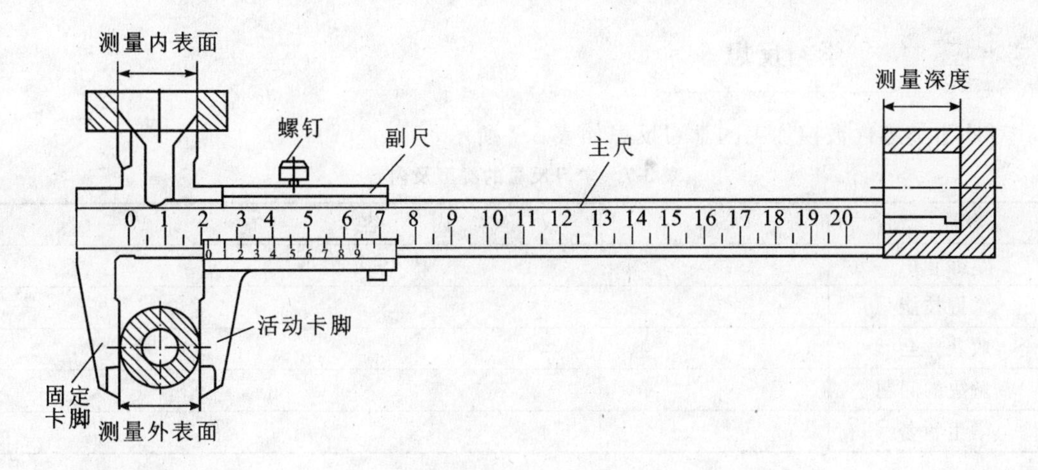

图 3-4　游标卡尺的使用范围

考核评价

考评一　考核检验

学习外槽类零件数控加工的考核评价如表 3-6 所示。

表 3-6　考核评价表

项　目	序号	考核内容及要求	学生自评	学生互评	教师评价
零件数控加工工艺的设计	1	装夹方案的合理性			
	2	加工路线和工序划分的合理性			
	3	刀具和切削用量选择的合理性			
编制零件加工程序	4	加工程序走刀路线的正确性			
	5	加工程序刀具切入与切出工件的合理性			
	6	编写程序的正确性和技巧性			
零件加工与检测	7	数控车床操作的安全性			
	8	解决加工过程中出现的问题			
	9	加工零件的正确性			
	10	检测加工零件的精度			
综合评价	11	考核评价标准:(优、良、中、合格、不合格) 纪律评价(20%) 考核评价(80%)			
签名	学生自评签名(　　　) 学生互评签名(　　　) 教师评价签名(　　　)				

考评二　学习反思

对外槽类零件数控加工的学习反思如表 3-7 所示。

表 3-7　学习反思的类型及内容

类　型	内　容
掌握知识	
掌握技能	
收获体会	
需解决的问题	
学生签名	

考评三　评价成绩

学习外槽类零件数控加工的评价如表 3-8 所示。

表 3-8　评价及成绩

学生自评	学生互评	综合评价	实训成绩	
			技能考核(80%)	
			纪律情况(20%)	
			实训总成绩	
			教师签名	

拓展内容

拓展　外槽类零件的加工刀具

1. 切槽刀的分类

切槽刀按加工形式可分为外切槽刀、内切槽刀、断面切槽刀，按刀具材料可分为硬质合金切槽刀、高速钢切槽刀，按刀刃形状可分为矩形切槽刀、球形切槽刀、异型切槽刀，按刀具结构可分为整体式切槽刀、机夹式切槽刀，如图 3-5 所示。

2. 外切槽刀的装夹方法及注意事项

外切槽刀的装夹，除了要符合外圆车刀装夹的一般要求外，还应注意以下几点。

(1)装夹时，切槽刀不宜伸出过长，同时切槽刀的中心线必须与工件轴线垂直，以保证两个副偏角对称；其主切削刃必须与工件轴线平行。装夹切槽刀时，可用 90°角尺检查其副偏角，如图 3-6 所示。

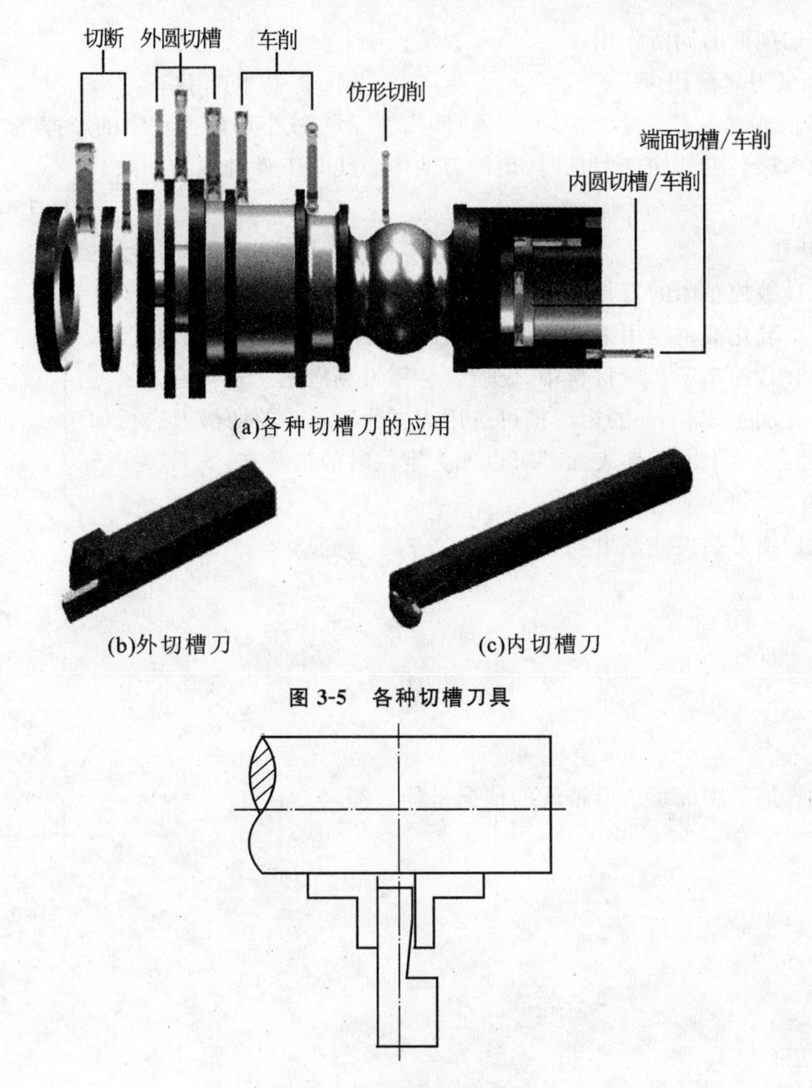

(a)各种切槽刀的应用

(b)外切槽刀　　(c)内切槽刀

图 3-5　各种切槽刀具

图 3-6　外切槽刀的装夹

(2)切槽刀的底平面应平整,以保证两个副后角对称。

思考练习

一、选择题

1. 粗加工时,切削液以________为主。

A. 煤油　　B. 切削油　　C. 乳化液　　D. 润滑油

2. 切槽刀按刀具材料可分为硬质合金切槽刀、________切槽刀。

A. 高速钢　　B. 陶瓷　　C. 金刚石　　D. 工具钢

3. 数控机床粗加工铝合金类零件外槽,其加工进给速度一般为________mm/min。

A. 1000　　B. 300　　C. 100　　D. 60

4. 由于切削液的润滑作用，________说法正确。

A. 降低刀具耐用度　　B. 提高生产率

C. 降低成本　　D. 减小切削过程中的摩擦

5. 数控车床装夹外切槽刀具时，切槽刀的中心线与工件轴线为________。

A. 80°　　B. 90°　　C. 45°　　D. 180°

二、判断题

(　　)1. 数控车床的刀具大多数采用焊接式刀片。

(　　)2. 乳化液主要用来减小切削过程中的摩擦和降低切削温度。

(　　)3. 数控车床车刀材料中，硬质合金钢刀具应用比较普遍。

(　　)4. 加工 3×2.5 的矩形槽可选用刃宽为 4 mm 的切槽刀进行加工。

(　　)5. 零件上的毛坯表面都可以作为定位时的精基准。

三、简答题

1. 简述切槽刀装夹注意事项。

2. 数控铣加工中确定走刀路线的依据是什么？

四、编程题

运用所学指令编写如图 3-7 所示零件的外槽加工程序。

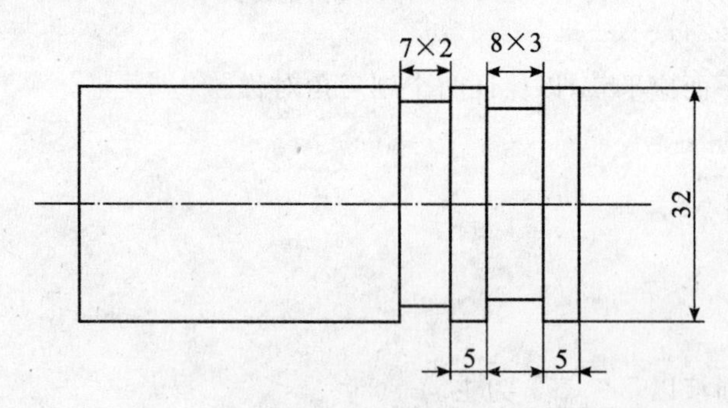

图 3-7　零件图样

任务二

内槽类零件加工

工作任务

(1)简单内槽类零件数控加工工艺制订，如图 3-8 所示。

(2)简单内槽类零件加工程序编制。

(3)简单内槽类零件加工和质量控制。

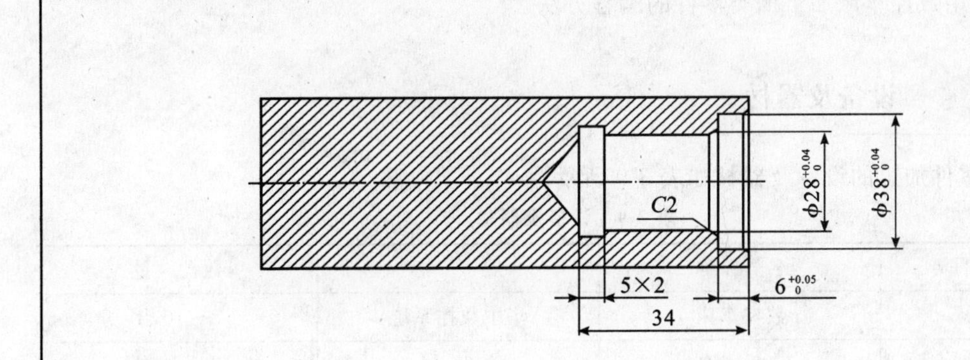

技术要求：
1. 以中、小批量生产条件编程；
2. 不准用砂布及锉刀等修饰表面（可清理毛刺）；
3. 未注公差尺寸按GB/T1804－m；
4. 未注倒角$C1$、锐角倒钝$C0.2$；
5. 材料及备料尺寸，铝合金（$\phi50\times100$）。

其余 $\sqrt{Ra3.2}$

深圳市宝安职业技术学校				图号			
				数量		比例	
设计		校对		材料	铝合金	重量	
制图		日期		内槽类零件加工操作题			
额定工时		共4页					

图 3-8　零件图样

相关知识

知识　退刀槽

退刀槽和越程槽是在轴的根部和孔的底部做出的环形沟槽。在车床加工中，如车削内孔、车削螺纹时，为便于退出刀具并将工序加工到毛坯底部，常在待加工面末端，预先制出退刀的空槽，称为退刀槽。用于磨削加工的退刀槽称为砂轮越程槽。

如果没有退刀槽，因为惯性作用，车刀在车到根部时还会继续向台肩运动，那样就会造成撞车；其二也不能保证与其相配合的螺柱或螺母旋到底，与台肩靠紧。对于传统车床而言，退刀槽加工主要是加工过程中的工艺要求。虽然新型的数控车床也能加工不需要退刀槽的螺纹，但一般还是安排有工艺槽这道工序。

任务实施

实施一　目的及要求

(1)掌握切槽刀具的安装及对刀方法。

(2)掌握槽类零件数控加工工艺的制订。

(3)学会用数控车床加工槽类零件的编程方法。

实施二　设备及器材

内槽类零件加工的设备及器材如表 3-9 所示。

表 3-9　设备及器材

项　目	名　称	规　格	数　量
设备	数控车床	华中数控系统	8～10 台
夹具	三爪卡盘	250 mm	8～10 套
刀具	内切槽刀	刃宽 5 mm	8～10 把
量具	游标卡尺	150 mm	8～10 把
	百分表	0.02	8～10 块
其他	毛刷、扳手、垫片等	配套	一批

实施三　内容与步骤

1. 零件加工工艺

1）零件工艺分析

根据零件图样可知，零件结构很简单，主要特征为二维轮廓，单边加工。工件的材料为铝合金，具有良好的机械切削性能，一般的高速钢刀具即可满足加工要求。

2）确定装夹方案

由于该零件毛坯为普通圆柱体，而且是单边加工，其左端有一个很好的装夹平面，选用三爪卡盘一次装夹就可达到要求。

3）确定加工顺序及刀具选择

加工顺序是先加工右端内轮廓再加工右端内槽，具体加工顺序及刀具选择如表 3-10 所示。

表 3-10　加工顺序及刀具

内槽类零件的加工顺序及刀具选择			
程序号	刀　具	材　料	加工内容
O1	90°盲孔车刀	YT15	粗车工件右端内轮廓
O2	90°盲孔车刀	YT15	精车工件右端内轮廓
O3	内切槽刀	高速钢	车工件右端内槽

2. 编写零件宏程序

工件右端内槽加工的编程示意如图 3-9 所示，加工程序如表 3-11 所示。

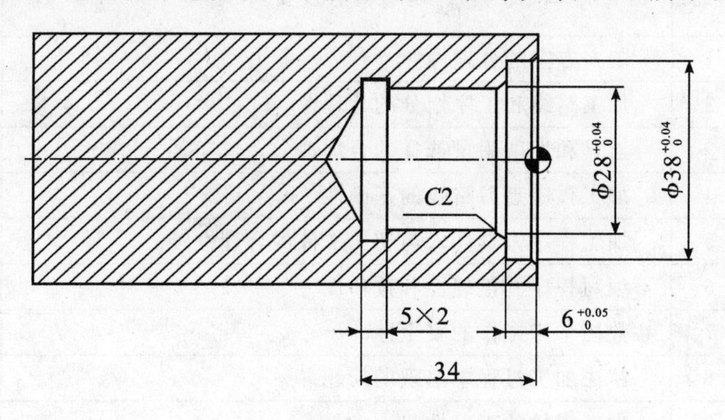

图 3-9　内槽加工编程示意图

表 3-11　内槽加工程序

O3
%1
T0404
M3 S600
G0 X100 Z100
M8
G0 X25 Z3
G1 Z－34 F300
X32 F60
X25
G0 Z100
M30

3. 加工及检测

操作数控车床加工内槽零件，并进行检测。

考核评价

考评一　考核检验

学习内槽类零件数控加工的考核评价如表 3-12 所示。

表 3-12　考核评价表

项　目	序号	考核内容及要求	学生自评	学生互评	教师评价
零件数控加工工艺的设计	1	装夹方案的合理性			
	2	加工路线和工序划分的合理性			
	3	刀具和切削用量选择的合理性			
编制零件加工程序	4	加工程序走刀路线的正确性			
	5	加工程序刀具切入与切出工件的合理性			
	6	编写程序的正确性和技巧性			
零件加工与检测	7	数控车床操作的安全性			
	8	解决加工过程中出现的问题			
	9	加工零件的正确性			
	10	检测加工零件的精度			
综合评价	11	考核评价标准：(优、良、中、合格、不合格) 纪律评价(20%) 考核评价(80%)			
签名	学生自评签名(　　　)学生互评签名(　　　)教师评价签名(　　　)				

考评二　学习反思

对内槽类零件数控加工的学习反思如表 3-13 所示。

表 3-13　学习反思的类型与内容

类　型	内　容
掌握知识	
掌握技能	
收获体会	
需解决的问题	
学生签名	

考评三　评价成绩

学习内槽类零件数控加工的评价如表 3-14 所示。

表 3-14　评价及成绩

<table>
<tr><th>学生自评</th><th>学生互评</th><th>综合评价</th><th colspan="2">实训成绩</th></tr>
<tr><td rowspan="4"></td><td rowspan="4"></td><td rowspan="4"></td><td>技能考核(80%)</td><td></td></tr>
<tr><td>纪律情况(20%)</td><td></td></tr>
<tr><td>实训总成绩</td><td></td></tr>
<tr><td>教师签名</td><td></td></tr>
</table>

拓展内容

拓展　选择零件加工适合的机床

1. 适合数控机床加工的内容

适合数控机床加工的零件特点如下。

(1)多品种、小批量生产的零件或新产品试制中的零件,短期急需的零件。

(2)轮廓形状复杂、对加工精度要求较高的零件。

(3)用普通机床加工较困难或无法加工(需昂贵的工艺装备)的零件。

(4)价值昂贵、加工中不允许报废的关键零件。

2. 适合普通机床加工的内容

一般来说,上述加工内容采用数控机床加工后,在产品质量、生产效率与综合效益等方面都会得到明显提高。相比之下,下列内容不宜采用数控机床加工。

(1)占机调整时间长,如以毛坯的粗基准定位加工第一个精基准,需用专用工装进行协调。

(2)加工部位分散,需要多次安装和设置原点,此时,采用数控加工很麻烦,效果不明显,可安排通用机床补加工。

(3)按某些特定的制造依据(如样板等)加工的型面轮廓,由于获取数据困难,且易于与检验依据发生矛盾,增加了程序编制的难度。

此外,在选择和决定加工内容时,也要考虑生产批量、生产周期、工序间的周转情况,等等。总之,要尽量做到合理,达到多、快、好、省的目的。要防止把数控机床降格为通用机床使用。

思考练习

一、选择题

1. 在车床加工中,如________、车削内孔时,为便于退出刀具并将工序加工到毛坯底部,常在待加工面末端,预先制出退刀的空槽。

A. 车削螺纹　　B. 车削外轮廓　　C. 车削阶梯轴

2. 内切槽加工、编程中加工完成后应该先退________轴。

A. X　　B. Y　　C. Z　　D. A

3. 加工 5×3 的内切槽不能选用________内切槽刀。

A. 3 mm　　B. 4 mm　　C. 5 mm　　D. 6 mm

二、判断题

(　　)1. 内切槽加工完成后应先退 X 轴再退 Z 轴。

(　　)2. 铝合金工件内槽加工应使用水溶性切削液。

(　　)3. 内切槽加工程序中,X 轴的安全位置应设定为内孔加工时钻头直径大小。

三、简答题

1. 简述退刀槽的作用。

2. 简述内切槽加工过程中应注意的安全事项。

项目四

数控车床螺纹类零件加工

数控车床主要用于加工轴类、盘类等回转体零件。机器中最常用的零件就是轴，其次是支撑件、传动件，如齿轮等，齿轮一般通过螺纹实现轴向定位，所以螺纹是轴类零件主要的组成面。掌握螺纹编程加工方法，对提高数控车削编程能力意义重大。

通过本项目的学习和训练，了解螺纹的基本参数，学会螺纹程序格式及编程技巧；掌握数控车床螺纹类零件的编程和加工技能。通过简单零件编程加工训练，学生能够独立地完成螺纹零件的加工。建议外螺纹类零件加工用 10 课时，内螺纹类零件加工用 8 课时。

知识目标

(1)了解螺纹的基本参数。
(2)学会螺纹加工部分参数的计算。
(3)掌握螺纹类零件加工工艺分析设计和程序编制技能。

技能目标

(1)学会螺纹刀具的正确安装及对刀方法。
(2)学会合理制订螺纹类零件加工工艺。
(3)学会螺纹类零件加工和质量控制。
(4)学会螺纹类零件的检测方法。

素质目标

(1)培养数控车床综合生产管理素质。
(2)培养数控车床社会生产的效率和成本意识。

任务一

外螺纹类零件加工

工作任务

(1)外螺纹类零件数控加工工艺制订，如图 4-1 所示。

(2)外螺纹类零件加工操作。

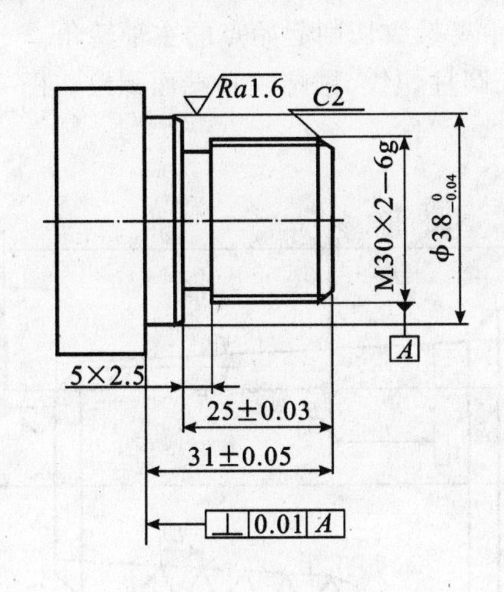

技术要求：
1. 以中、小批量生产条件编程；
2. 不准用砂布及锉刀等修饰表面(可清理毛刺)；
3. 未注公差尺寸按GB/T1804−m；
4. 未注倒角$C1$、锐角倒钝$C0.2$；
5. 材料及备料尺寸，铝合金（$\phi 50\times 50$）。

其余 $\sqrt{Ra3.2}$

深圳市宝安职业技术学校				图号			
				数量		比例	
设计		校对		材料	铝合金	重量	
制图		日期		外螺纹类零件加工操作题			
额定工时		共4页					

图 4-1　零件图样

相关知识

知识一 螺纹加工指令

1. 螺纹切削 G32

指令格式

G32 X(U)_ Z(W)_ R_ E_ P_F_

指令说明

(1)切削一条螺纹线的一次走刀。

(2)X_、Z_:为绝对编程时,有效螺纹终点在工件坐标系中的坐标。

(3)U_、W_:为增量编程时,有效螺纹终点相对于螺纹切削起点的位移量。

(4)F_:螺纹导程,即主轴每转一圈,刀具相对于工件的进给值。

(5)R_、E_:螺纹切削的退尾量,R_为 Z 向退尾量;E_为 X 向退尾量,R_、E_在绝对或增量编程时都是以增量方式指定,其为正时表示沿 Z、X 正向回退,为负时表示沿 Z、X 负向回退。使用 R_、E_可免去退刀槽。R_、E_可以省略,表示不用回退功能;根据螺纹标准,R_一般取 0.75~1.75 倍的螺距,E_取螺纹的牙型高。

(6)P_:主轴基准脉冲处距离螺纹切削起始点的主轴转角。

(7)使用 G32 指令能加工圆柱螺纹、锥螺纹和端面螺纹。图 4-2 所示的为锥螺纹切削时各参数的意义。

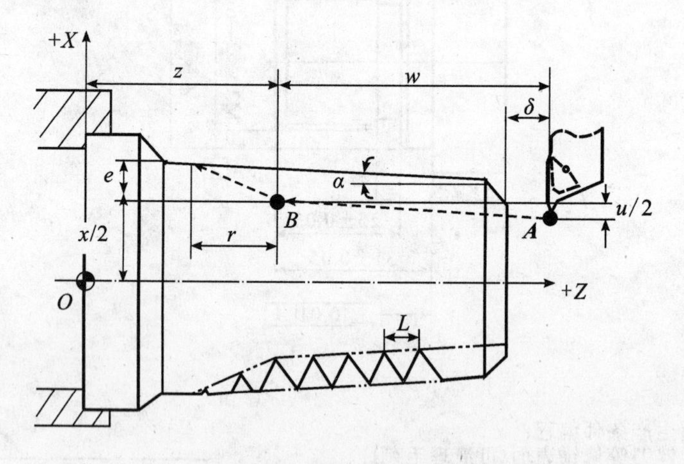

图 4-2 螺纹切削参数

(8)螺纹车削加工为成形车削,且切削进给量较大,刀具强度较差,一般要求分数次进给加工,各种切削用量的选择如表 4-1 所示。

表 4-1　常用螺纹切削的进给次数与吃刀量

公制螺纹								
螺　距		1	1.5	2	2.5	3	3.5	4
牙深(半径量)		0.649	0.974	1.229	1.624	1.949	2.273	2.598
切削次数及吃刀量(直径量)	1次	0.7	0.8	0.9	1.0	1.2	1.5	1.5
	2次	0.4	0.6	0.6	0.7	0.7	0.7	0.8
	3次	0.2	0.4	0.6	0.6	0.6	0.6	0.6
	4次		0.16	0.4	0.4	0.4	0.6	0.6
	5次			0.1	0.4	0.4	0.4	0.4
	6次				0.15	0.4	0.4	0.4
	7次					0.2	0.2	0.4
	8次						0.15	0.3
	9次							0.2

(9)注意：

①从螺纹粗加工到精加工，主轴的转速必须保持一常数；

②在没有停止主轴的情况下，停止螺纹的切削将非常危险，因此，螺纹切削时进给保持功能无效，如果按下进给保持按键，刀具在加工完螺纹后停止运动；

③在螺纹加工中不使用恒定线速度控制功能；

④在螺纹加工轨迹中应设置足够的升速进刀段 δ 和降速退刀段 δ'，以消除伺服滞后造成的螺距误差。

2. 螺纹切削复合循环 G76

指令格式

G76 C_ R_ E_ A_ X_ Z_ I_ K_ U_ V_ Q_ P_ F_

指令说明

(1)采用单边切削方式完成外螺纹的粗、精加工。

(2)C_：精整次数(1～99)，为模态值。

(3)R_：螺纹 Z 向尾退长度(1～99)，为模态值。

(4)E_：螺纹 X 向尾退长度(1～99)，为模态值。

(5)A_：刀尖角度(二位数字)，为模态值，应在 80°、60°、55°、30°、29°和 0°六个角度中选一个。

(6)X_、Z_：绝对值编程时，为有效螺纹终点的坐标；增量值编程时，该参数为有效螺纹终点相对于循环起点的有向距离(用 G91 定义为增量编程，使用后用 G90 定义为绝对编程)。

(7)I_：螺纹两端的半径差，如 I0 为直螺纹(圆柱螺纹)切削方式。

(8)K_：螺纹高度，该值由 X 轴方向上的半径值指定。

(9)U_：精加工余量(半径值)。

(10)V_：最小切削深度(半径值)，当某次切削深度小于该值时，则以该值为切削深度。

(11)Q_:第一次切削的切削深度(半径值)。

(12)P_:主轴基准脉冲处距离切削起始点的主轴转速。

(13)F_:螺纹导程。

(14)螺纹切削固定循环 G76 执行如图 4-3 所示的加工轨迹。

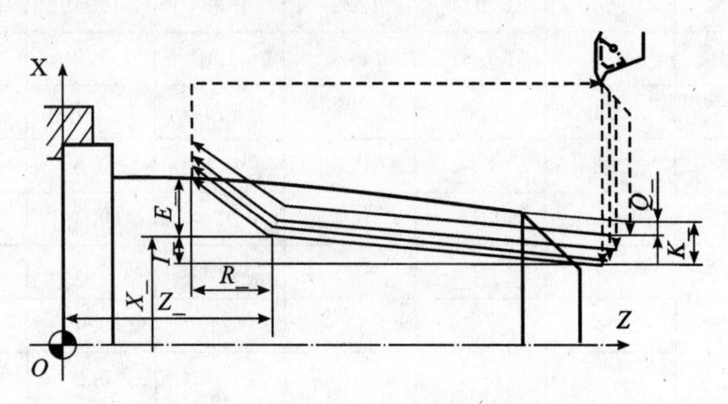

图 4-3 螺纹切削复合循环 G76

(15)G76 循环采用单边切削方式,其单边切削形式及参数如图 4-4 所示,这种切削方式能改善刀具切削状态,减小刀尖的受力。第一次切削时切削深度由 Q_参数指定,以后每次切深依次递减。

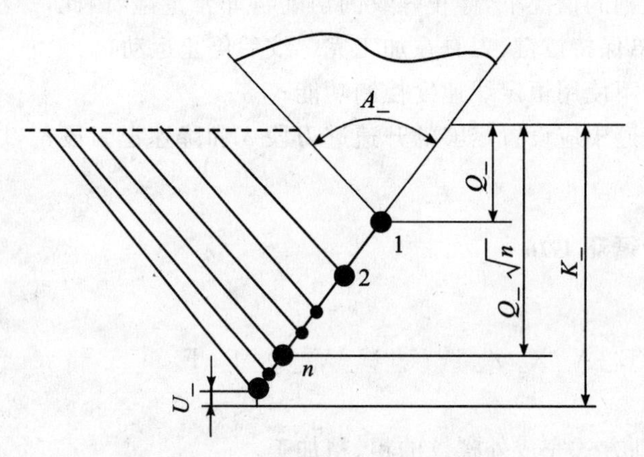

图 4-4 G76 循环单边切削及参数

知识二 螺纹切削的参数

1. 常用螺纹的牙型

沿螺纹轴线剖切的截面内,螺纹牙两侧边的夹角称为螺纹的牙型。常见的螺纹牙型有三角形、梯形、锯齿形、矩形等。生产中常用螺纹的牙型如图 4-5 所示。

牙型角 α 指在螺纹牙型上相邻两牙侧间的夹角。普通螺纹的牙型角为 60°,英制螺纹的牙型角为 55°,梯形螺纹的牙型角为 30°。

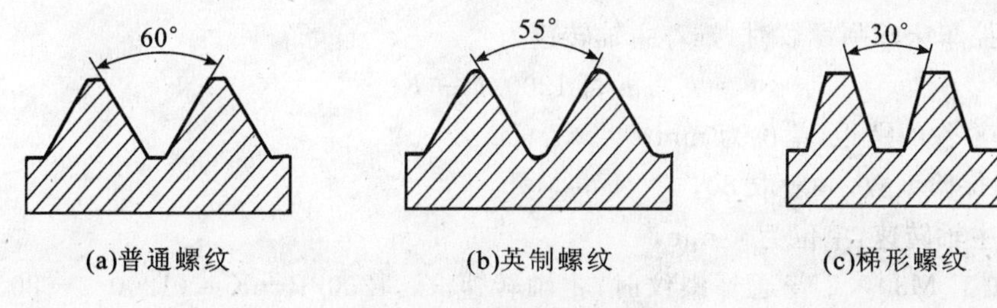

图 4-5　常用螺纹的牙型

2. 普通螺纹牙型的参数

如图 4-6 所示，在三角螺纹的理论牙型中，D 是内螺纹大径（公称直径），d 是外螺纹大径（公称直径）；D_2 是内螺纹中径，d_2 是外螺纹中径；D_1 是内螺纹小径，d_1 是外螺纹小径；P 是螺距；H 是螺纹三角形的高度。

螺距（P）是螺纹上相邻两牙在中径上对应点间的轴向距离。

导程（L）是一条螺旋上相邻两牙在中径上对应点的轴向距离。

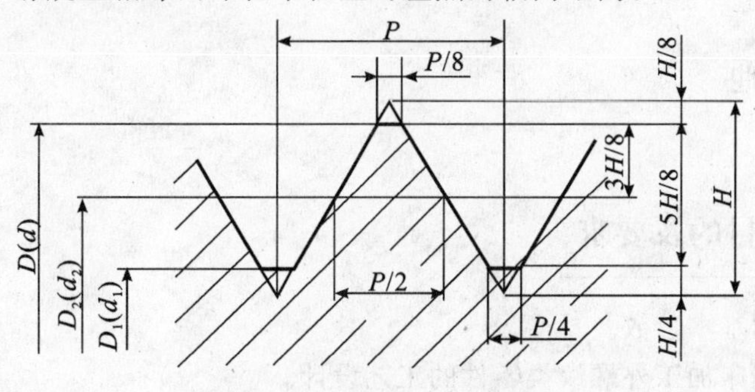

图 4-6　普通螺纹的牙型参数

3. 外螺纹加工尺寸分析

1）外圆柱面的直径及螺纹实际小径的确定

车削外螺纹时，需要计算实际车削时的外圆柱面的直径 $d_{计}$，螺纹实际小径 $d_{1计}$。

例如，车削 M30×2 的外螺纹时，材料为 45 钢，试计算实际车削时的外圆柱面直径 $d_{计}$ 及螺纹小径 $d_{1计}$。

（1）车螺纹时，零件因受车刀挤压而使外径胀大，因此，螺纹部分的零件外径应比螺纹的公称直径小 0.2～0.4 mm，一般取 $d_{计}=d-0.1P$。

在上例中，$d_{计}=d-0.1P=(\phi30-0.1\times2)$ mm$=\phi29.8$ mm。

（2）在实际生产中，为计算方便，不考虑螺纹车刀的刀尖半径 r 的影响，一般取螺纹实际小径 $d_{1计}=d-1.3P=(\phi30-1.3\times2)$ mm$=\phi27.4$ mm。

2）切削用量的选用

（1）主轴转速 n 的选用。

在数控车床上加工螺纹，主轴转速受数控系统、螺纹导程、刀具、零件尺寸和材料等多种因素影响。操作者在仔细查阅说明书后，可根据实际情况选用不同的推荐主轴转速范围。大多

数经济型数控车床车削螺纹时，推荐主轴转速为

$$n \leqslant 1200/P - K$$

式中：P——零件的螺距，单位为 mm；

K——保险系数，一般取 80；

n——主轴转速，单位为 r/min。

例如，加工 M30×2 普通外螺纹时，主轴转速 $n \leqslant 1200/\mathrm{P}-\mathrm{K}=(1200/2-80)$ r/min＝520 r/min。根据零件材料、刀具等因素取 $n=400\sim500$ r/min。

(2)切削深度 a_p 的选用。

①进刀方法的选择：在数控车床上加工螺纹时，进刀方法通常有直进法和斜进法。当螺距 $P<3$ mm 时，一般采用直进法；螺距 $P\geqslant3$ mm 时，一般采用斜进法。

②切削深度 a_p 的选用及分配：车削螺纹时，应遵循后一刀的切削深度 a_p 不能超过前一刀的切削深度的原则，即递减的切削深度分配方式；否则，会因切削面积的增加、切削力过大而损坏刀具。但为了提高螺纹的表面粗糙度，用硬质合金螺纹车刀时，最后一刀的背吃刀量应尽可能不小于 0.1 mm。

任务实施

实施一　目的及要求

(1)了解螺纹的基本参数。

(2)掌握数控车床加工外螺纹类零件的工艺设计。

(3)掌握数控车床加工外螺纹零件加工的程序编制与加工操作技能。

实施二　设备及器材

外螺纹类零件加工的设备及器材如表 4-2 所示。

表 4-2　设备及器材

项　目	名　称	规　格	数　量
设备	数控车床	华中数控系统	8～10 台
夹具	三爪卡盘	250 mm	8～10 套
刀具	外螺纹车刀	60°	8～10 把
量具	游标卡尺	150 mm	8～10 把
	螺纹环规	M30×2－6g	8～10 对
	百分表	0.02	8～10 只
其他	毛刷、扳手、垫片等	配套	一批

实施三　内容与步骤

1. 制订加工工艺

根据零件图样和技术要求的分析，确定数控加工工艺方案。

1)装夹方案的确定

该加工零件形状简单，毛坯形状为棒料，单边加工，加工面尺寸精度均要求不高，故可选用通用夹具三爪卡盘。卡盘夹住工件左端依次加工工件右端外轮廓、外切槽、外螺纹。

2)切削用量和切削液的选择

(1)切削用量：根据加工材料、刀具材料等因素查表 3-1 可得。

(2)切削液：根据加工材料、刀具材料等因素选择水融乳化切削液。

3)加工顺序和刀具的选择

具体加工顺序及刀具选择如表 4-3 所示。

表 4-3　加工顺序及刀具选择

外螺纹类零件加工顺序及刀具选择			
程序号	刀具	材料	加工内容
O1	90°外圆车刀	YT15	粗车工件右端外轮廓
O2	90°外圆车刀	YT15	精车工件右端外轮廓
O3	5 mm 外切槽刀	高速钢	粗车工件右端外槽
O4	5 mm 外切槽刀	高速钢	精车工件右端外槽
O5	60°外螺纹刀	YT15	粗车工件右端外螺纹
O6	60°外螺纹刀	YT15	精车工件右端外螺纹

2. 编写加工程序

根据数控加工工艺和加工程序编写数控加工程序文件，编程示意如图 4-7 所示。

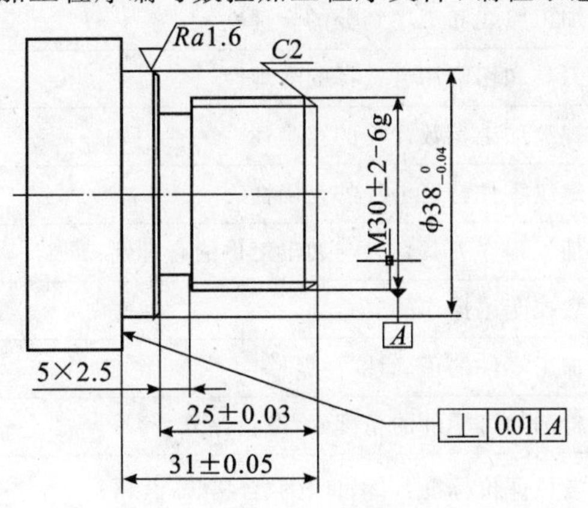

图 4-7　外螺纹加工编程示意图

粗、精车工件右端外螺纹加工程序如表 4-4 所示。

表 4-4 加工程序

O5(粗加工)	O6(精加工)
%1	%1
T0101	T0101
M3 S600	M3 S600
M8	M8
G0 X30 Z2	G0 X30 Z2
G76 C2 R－2 E1.3 A60 X27.4 Z－20 U0.1 V0.1 Q0.1 K1.3 F2	G76 C2 R－2 E1.3 A60 X27.4 Z－20 U0.1 V0.1 Q1 K1.3 F2
G0 X100 Z100	G0 X100 Z100
M30	M30

3. 零件加工及检测

根据图样要求操作数控车床加工外螺纹零件，并进行检测。

考核评价

考评一 考核检验

学习外螺纹类零件数控加工的考核评价如表 4-5 所示。

表 4-5 考核评价表

项目	序号	考核内容及要求	学生自评	学生互评	教师评价
数控加工工艺的设计	1	装夹方案的合理性			
	2	加工路线和工序划分的合理性			
	3	刀具和切削用量选择的合理性			
编制零件加工程序	4	螺纹加工参数计算的正确性			
	5	螺纹零件特征编程的正确性			
	6	加工程序刀具切入与切出工件的合理性			
零件加工与检测	7	数控车床操作的安全性			
	8	加工零件的正确性			
	9	检测加工零件的精度(附考核评分表)			
综合评价	10	考核评价标准:(优、良、中、合格、不合格) 纪律情况(20%)　考核情况(80%)			

考评二　学习反思

对外螺纹类零件数控加工的学习反思如表 4-6 所示。

表 4-6　学习反思类型及内容

类　型	内　容
掌握知识	
掌握技能	
收获体会	
需解决的问题	
学生签名	

考评三　评价成绩

学习外螺纹类零件数控加工的评价如表 4-7 所示。

表 4-7　评价及成绩

<table>
<tr><th>学生自评</th><th>学生互评</th><th>综合评价</th><th colspan="2">实训成绩</th></tr>
<tr><td rowspan="4"></td><td rowspan="4"></td><td rowspan="4"></td><td>技能考核(80%)</td><td></td></tr>
<tr><td>纪律情况(20%)</td><td></td></tr>
<tr><td>实训总成绩</td><td></td></tr>
<tr><td>教师签名</td><td></td></tr>
</table>

拓展内容

拓展　螺纹加工刀具

1. 螺纹车刀

螺纹车刀属切削刀具的一种，是用来在车削加工机床上进行螺纹切削加工的一种刀具。螺纹车刀一般分为内螺纹车刀和外螺纹车刀两大类，如图 4-8 所示。

2. 丝锥与板牙

丝锥和板牙是一种简单的螺纹成形加工刀具，以其结构简单、使用方便、生产效率高等特点被广泛应用于中、小尺寸的螺纹加工中，如图 4-9 所示。

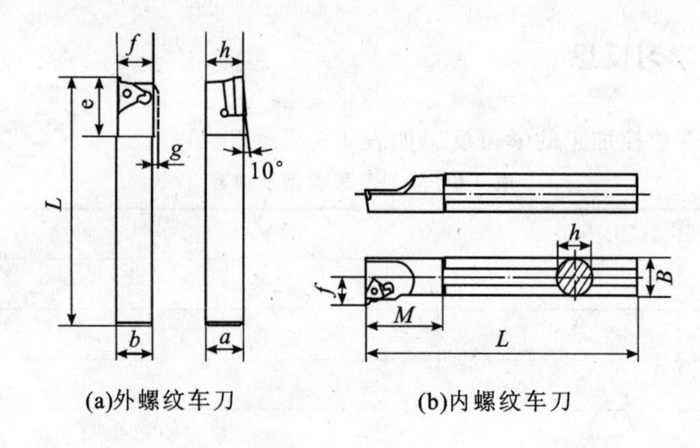

(a)外螺纹车刀　　(b)内螺纹车刀

图 4-8　螺纹车刀

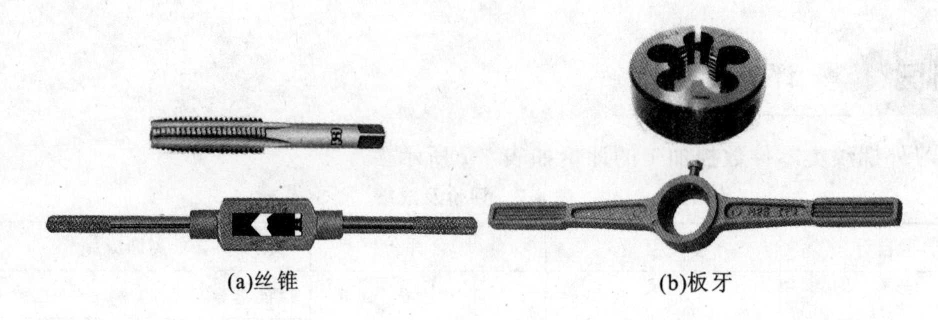

(a)丝锥　　(b)板牙

图 4-9　丝锥、板牙

思考练习

一、选择题

1. 在 HNC－22T 系统中，________是螺纹循环指令。

A. G82　　B. G23　　C. G32　　D. G92

2. 螺纹加工时，使用________指令可简化编程。

A. G73　　B. G74　　C. G75　　D. G76

3. 加工螺纹时，螺纹的底径是指________。

A. 外螺纹大径　　B. 外螺纹中径

C. 内螺纹小径　　D. 外螺纹小径

4. 三角螺纹 M16×3 中，中径 d_2 为________mm。

A. 13.5　　B. 14　　C. 14.5　　D. 15

5. 常用的螺纹加工工具不包括________。

A. 螺纹车刀　　B. 丝锥　　C. 板牙　　D. 外圆车刀

二、判断题

(　　)1. 螺纹车刀属于成形车刀。

(　　)2. 指令只能用于圆柱螺纹的加工，不能用于圆锥螺纹的加工。

(　　)3. 螺纹指令 G32 X41 W43 F1.5 是以 1.5 mm/min 的速度加工螺纹。

(　　)4. 三角螺纹 M16×3 中，小径为 ϕ13 mm。

(　　)5. 板牙不能运用在数控车床螺纹加工上。

三、简答题

1. 数控车床螺纹加工需要注意哪些事项？

2. 简述螺纹加工的几个重要的计算公式。

四、编程题

运用所学指令编写如图 4-10 所示零件的螺纹加工程序。

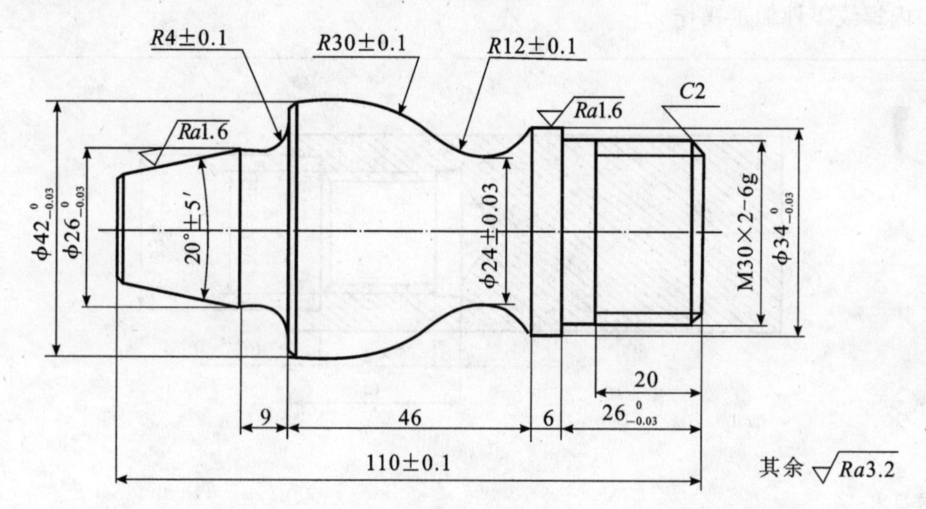

图 4-10　零件图样

任务二

内螺纹类零件加工

工作任务

(1)内螺纹零件数控加工工艺制订，如图 4-11 所示。

(2)内螺纹零件加工程序编制。

(3)内螺纹零件加工操作。

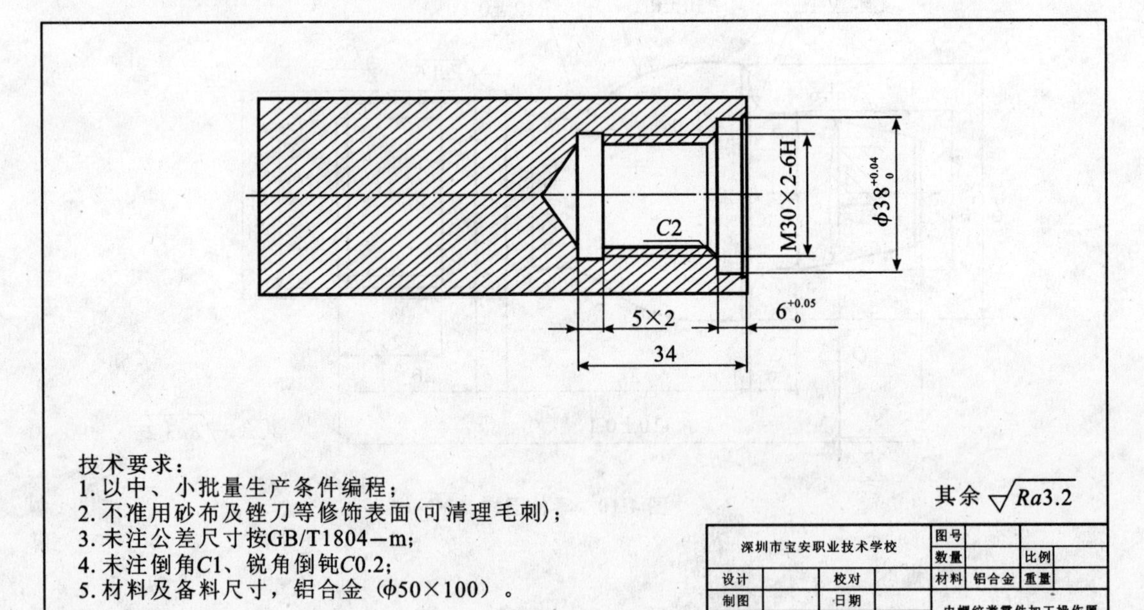

图 4-11　内螺纹加工零件图样

相关知识

知识一　螺纹切削循环 G82

1. 直螺纹切削循环

指令格式

G82 X(U)_ Z(W)_ R_ E_ C_ P_ F_

指令说明

(1)完成工件直螺纹单头的一次简单切削循环,如图 4-12 所示。

(2)X(U)_、Z(W)_:绝对值编程时,为螺纹终点在工件坐标系下的坐标;增量值编程时,为螺纹终点相对于循环起点的有向距离。

(3)R_、E_:螺纹切削的退尾量,R_、E_均为向量,R_为 Z 向回退量;E_为 X 向回退量;R_、E_可以省略,表示不用回退功能。

(4)C_:螺纹头数,为 0 或 1 时切削单头螺纹。

(5)P_:单头螺纹切削时,为主轴基准脉冲处距离切削起始点的主轴转角(缺省值为 0);多头螺纹切削时,为相邻螺纹头的切削起始点之间对应的主轴转角。

(6)F_:螺纹导程。

(7)注意:螺纹切削循环与 G32 螺纹切削一样,在进给保持状态下,该循环在完成全部动作之后才停止运动。

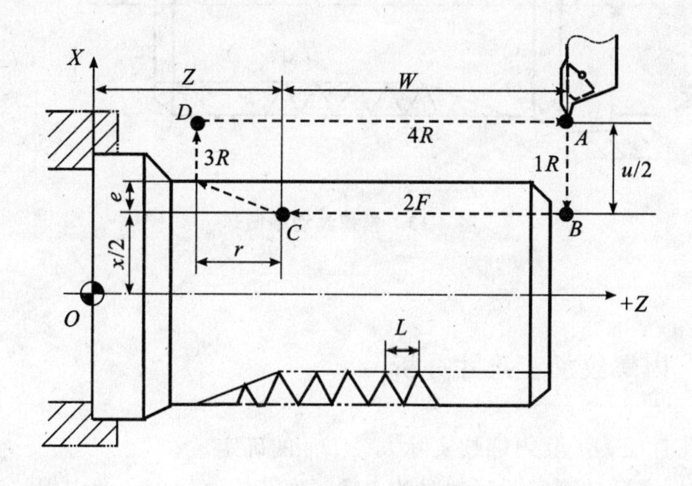

图 4-12　直螺纹切削循环

2. 锥螺纹切削循环

指令格式

G82 X(U)_ Z(W)_ I_ R_ E_ C_ P_ F_

指令说明

(1)完成工件锥螺纹各头的一次简单切削循环，如图 4-13 所示。

(2)X(U)_、Z(W)_：绝对值编程时，为螺纹终点在工件坐标系下的坐标；增量值编程时，为螺纹终点相对于循环起点的有向距离。

(3)I_：为螺纹起点与螺纹终点的半径差。其符号为差的符号（无论是绝对值编程还是增量值编程）。

(4)R_、E_：螺纹切削的退尾量，R_、E_均为向量，R_为 Z 向回退量；E_为 X 向回退量；R_、E_可以省略，表示不用回退功能。

(5)C_：螺纹头数，为 0 或 1 时切削单头螺纹。

(6)P_：单头螺纹切削时，为主轴基准脉冲处距离切削起始点的主轴转角（缺省值为 0）；多头螺纹切削时，为相邻螺纹头的切削起始点之间对应的主轴转角。

(7)F_：螺纹导程。

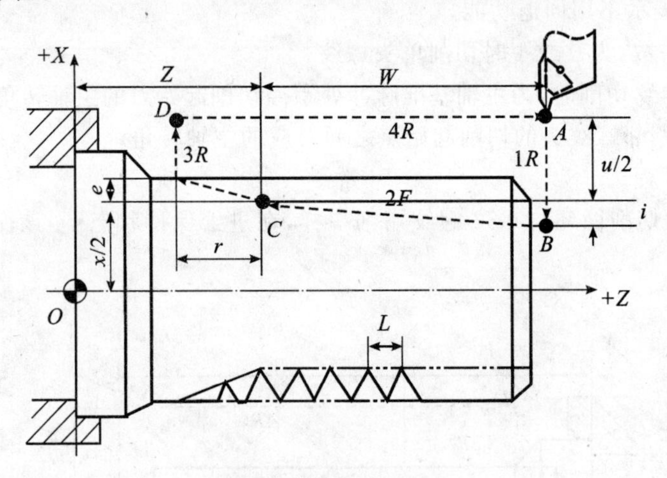

图 4-13　锥螺纹切削循环

知识二　内螺纹加工尺寸分析

内螺纹的底孔直径 $D_{1计}$ 及内螺纹实际大径 $D_{计}$ 的确定。

车削内螺纹时，需要计算实际车削时的内螺纹底孔的直径 $D_{1计}$ 及内螺纹实际大径 $D_{计}$。

钢和塑性材料 $D_{1计}=D-P$。

铸铁和脆性材料 $D_{1计}=D-(1.05\sim1.1)P$。

内螺纹实际大径 $D_{计}=D$。

任务实施

实施一　目的及要求

(1)学会内螺纹的基本参数计算。

(2)掌握数控车床内螺纹类零件加工的工艺设计。

(3)掌握数控车床内螺纹零件加工的程序编制与加工操作技能。

实施二　设备及器材

内螺纹零件加工的设备及器材如表 4-8 所示。

表 4-8　设备及器材

项　目	名　称	规　格	数　量
设备	数控车床	华中数控系统	8～10 台
夹具	三爪卡盘	250 mm	8～10 套
刀具	内螺纹车刀	60°	8～10 把
量具	游标卡尺	150 mm	8～10 把
	螺纹塞规	M30×2－6H	8～10 把
	百分表	0.02	8～10 块
其他	毛刷、扳手、垫片等	配套	一批

实施三　内容与步骤

1. 确定工艺方案

根据零件图样和技术要求的分析,确定数控加工工艺方案。

1)装夹方案的确定

该加工零件形状简单,毛坯形状为棒料,单边加工,加工面尺寸精度要求不高,故可选用通用夹具三爪卡盘。夹住工件左端依次加工工件右端内轮廓、内切槽、内螺纹。

2)切削用量和切削液的选择

(1)切削用量:根据加工材料、刀具材料等因素,查表 3-1 可得。

(2)切削液:根据加工材料、刀具材料等因素,选择水融乳化切削液。

3)加工顺序和刀具的选择

具体加工顺序及刀具选择如表 4-9 所示。

表 4-9 加工顺序及刀具选择

内螺纹类零件加工顺序及刀具选择			
程序号	刀具	材料	加工内容
O1	90°盲孔车刀	YT15	粗车工件右端内轮廓
O2	90°盲孔车刀	YT15	精车工件右端内轮廓
O3	5 mm 内切槽刀	高速钢	粗车工件右端内槽
O4	5 mm 内切槽刀	高速钢	精车工件右端内槽
O5	内螺纹刀	YT15	粗车工件右端内螺纹
O6	内螺纹刀	YT15	精车工件右端内螺纹

2. 编写加工程序

根据数控加工工艺和加工程序编写数控加工程序文件，编程示意如图 4-14 所示。

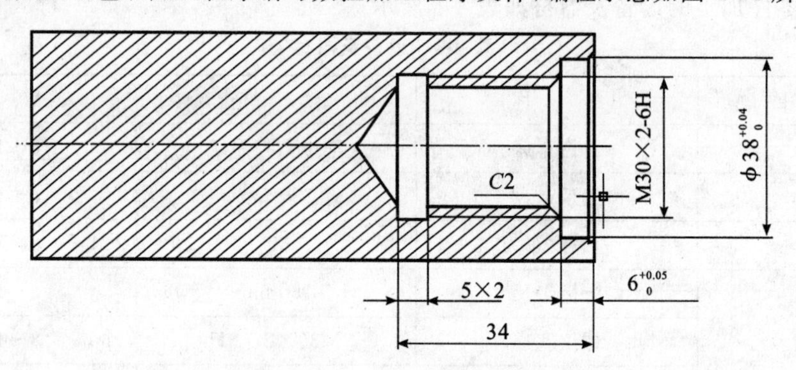

图 4-14 内螺纹编程示意图

粗、精车工件右端内螺纹加工程序如表 4-10 所示。

表 4-10 加工程序

O5(粗加工)	O6(精加工)
%1	%1
T0101	T0101
M3 S600	M3 S600
M8	M8
G0 X27 Z2	G0 X27 Z2
G76 C2 R−2 E−1.3 A60 X30 Z−29 U0.1 V0.1 Q0.1 K1.3 F2	G76 C2 R−2 E−1.3 A60 X30 Z−29 U0.1 V0.1 Q0.1 K1.3 F2
G0 Z100	G0 Z100
M30	M30

3. 数控加工及检测

根据图样要求操作数控车床加工内螺纹零件，并进行检测。

考核评价

考评一　考核检验

学习内螺纹类零件数控加工的考核评价如表 4-11 所示。

表 4-11　考核评定表

项　　目	序号	考核内容及要求	学生自评	学生互评	教师评价
数控加工工艺的设计	1	装夹方案的合理性			
	2	加工路线和工序划分的合理性			
	3	刀具和切削用量选择的合理性			
编制零件加工程序	4	螺纹加工参数计算的正确性			
	5	螺纹零件特征编程的正确性			
	6	加工程序刀具切入与切出工件的合理性			
零件加工与检测	7	数控车床操作的安全性			
	8	加工零件的正确性			
	9	检测加工零件的精度(附考核评分表)			
综合评价	10	考核评价标准:(优、良、中、合格、不合格) 纪律情况(20%)　　考核情况(80%)			

考评二　学习反思

对内螺纹类零件数控加工的学习反思如表 4-12 所示。

表 4-12　学习反思类型及内容

类　型	内　　容
掌握知识	
掌握技能	
收获体会	
需解决的问题	
学生签名	

考评三 评价成绩

学习内螺纹类零件数控加工的评价成绩如表 4-13 所示。

表 4-13 评价及成绩

学生自评	学生互评	综合评价	实训成绩	
			技能考核(80%)	
			纪律情况(20%)	
			实训总成绩	
			教师签名	

拓展内容

拓展 螺纹检测工具

1. 塞规、环规

螺纹塞规和环规是测量螺纹尺寸正确性的常用工具，它们都是由通规(T)和止规(Z)两部分组成。检验测量方法：首先要清理干净被测螺纹油污及杂质，然后在自由状态下用通规(T)和止规(Z)分别旋合被测螺纹，通规应完全旋入，而止规旋入的螺纹长度在 2 个螺距之内为合格螺纹，如图 4-15 所示。

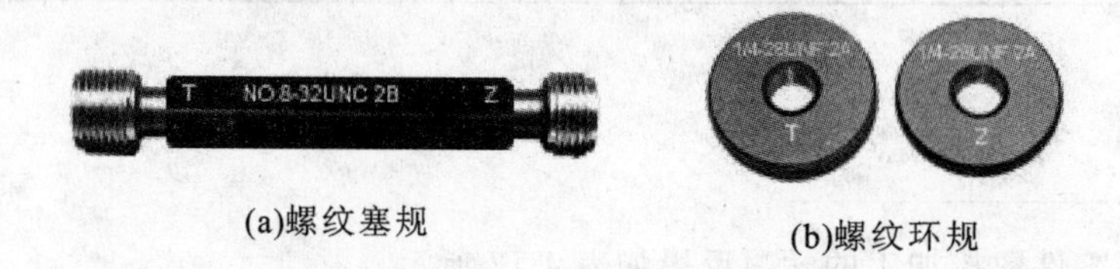

(a)螺纹塞规　(b)螺纹环规

图 4-15 螺纹塞规、环规

2. 螺纹千分尺

螺纹千分尺(螺纹中径千分尺)是用来测量普通外螺纹中径的测量工具，如图 4-16 所示。

螺纹千分尺的测量方法：

(1)根据图样上普通螺纹基本尺寸，选择合适规格的螺纹千分尺；

(2)测量时，根据被测螺纹螺距大小按螺纹千分尺附表选择 1 号、2 号测头，依图所示的方式装入螺纹千分尺，并读取零位值；

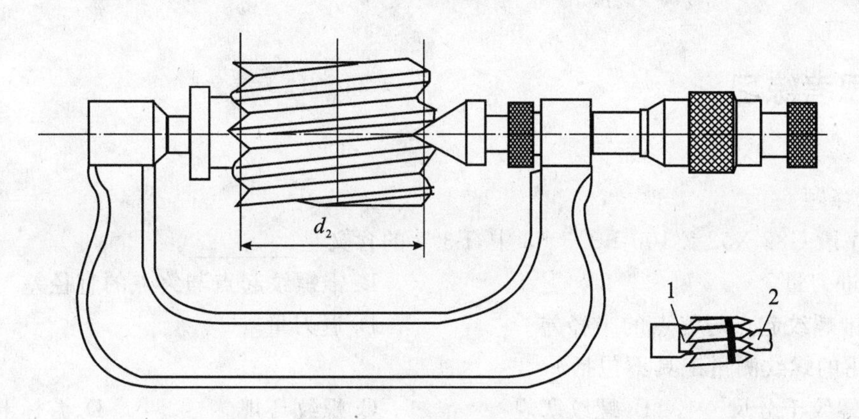

图 4-16　螺纹千分尺

(3)测量时，应从不同截面、不同方向多次测量螺纹中径，其值从螺纹千分尺中读取后减去零位的代数值，并记录；

(4)查出被测螺纹中径的极限值，判断其中径的合格性。

3. 三针

三针是用来测量梯形外螺纹中径的测量工具，如图 4-17 所示。

三针的测量方法：

(1)根据图样中梯形螺纹的 M 值选择合适规格的公法线千分尺，即

$$M=d_2+4.864\ d_0-1.866_P$$

(2)擦净零件的被测表面和量具的测量面，按图 4-18 所示将三针放入螺旋槽中，用公法线千分尺测量并记录读数；

(3)在螺纹的不同截面、不同方向多次测量，逐次记录数据；

(4)判断零件螺纹的合格性。

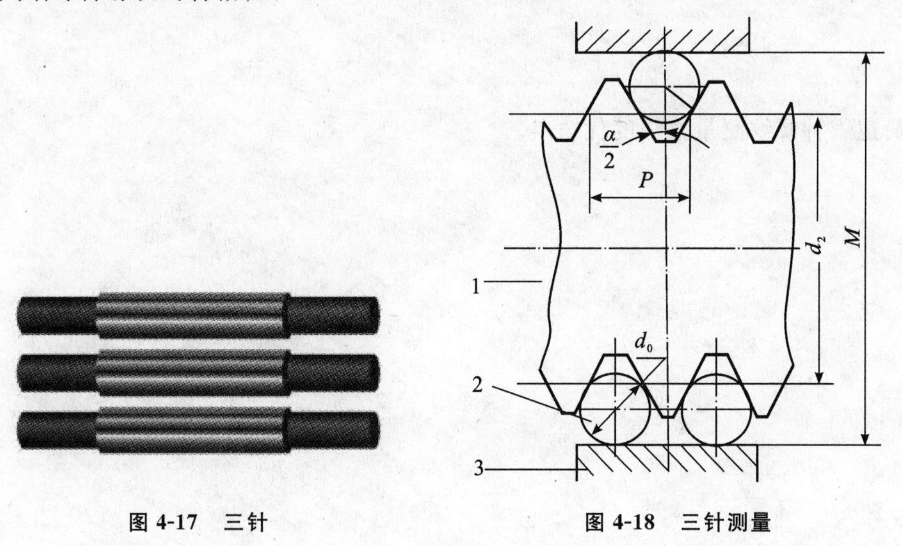

图 4-17　三针　　　图 4-18　三针测量

思考练习

一、选择题

1. 程序段 G82 X52 Z-100 I-3.5 F3 中，I-3.5 的含义是________。

A. 进刀量　　B. 锥螺纹起点与终点的直径差

C. 锥螺纹起点与终点的半径差　　D. 退刀量

2. 常用的螺纹测量工具不包括________。

A. 螺纹千分尺　　B. 螺纹塞规　　C. 螺纹环规　　D、游标卡尺

3. 加工 M30×2 的内螺纹底孔直径 D_1 取________。

A. 30　　B. 29　　C. 32　　D. 28

4. 螺纹千分尺主要检测螺纹的________。

A. 公称直径　　B. 小径　　C. 中径　　D. 有效长度

二、判断题

(　　)1. 在 HNC－22T 系统中，G76 是螺纹循环指令。

(　　)2. 华中数控系统中 G82 指令能够加工锥度螺纹。

(　　)3. 用环规测量外螺纹时，若通规和止规都能完全旋合，则说明此螺纹为合格螺纹。

(　　)4. 三针一般用来测量梯形螺纹。

三、简答题

1. 简述内螺纹加工的注意事项。

2. 简述三种螺纹测量方法的优缺点。

四、编程题

运用所学指令编写如图 4-19 所示零件的螺纹加工程序。

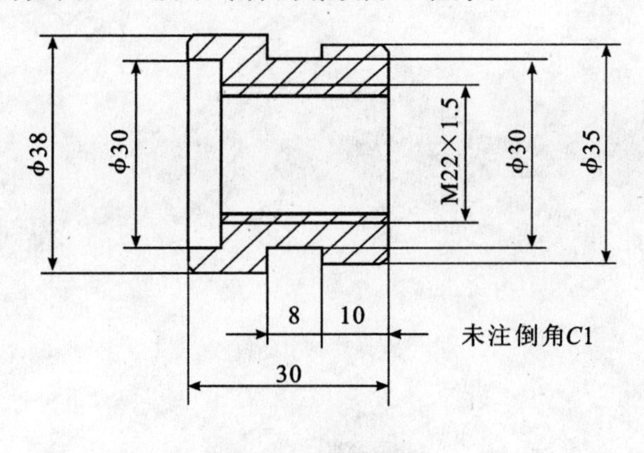

图 4-19　零件图样

项目五

数控车床综合类零件加工

我国有“世界工厂”“制造大国”之称，这是以制造业高速发展为基础的。数控技术在高速发展的制造业中扮演着重要的角色。数控机床能完成普通机床和人工作业不可能达到的加工要求，随着数控技术的发展，现代的数控系统为我们提供了越来越丰富的简化编程和宏程序功能，可以大大简化程序编制工作量，提高编程效率，也提高了数控机床的利用率和生产率。

通过本项目学习和训练，掌握数控车床简化功能指令和编程方法，编制各种综合零件的加工程序。通过复杂零件加工训练，学生能够更加熟练地完成综合零件加工。建议综合零件加工用 12 课时。

知识目标

(1)学会熟练运用各项加工指令。
(2)掌握数控车床复杂零件加工工艺分析设计方法。
(3)掌握数控车床复杂零件加工的程序编制及加工技能。

技能目标

(1)熟练操作各种数控车刀具的安装及对刀。
(2)学会合理制订综合类零件加工工艺。
(3)学会综合类零件的加工和质量控制。
(4)学会综合类零件的检测方法。

素质目标

(1)培养协作和团队意识。
(2)培养社会生产管理能力。

任务

综合类零件加工

工作任务

(1)综合类零件数控加工工艺制订,如图 5-1 所示。

(2)综合类零件加工程序编制。

(3)综合类零件加工和质量控制。

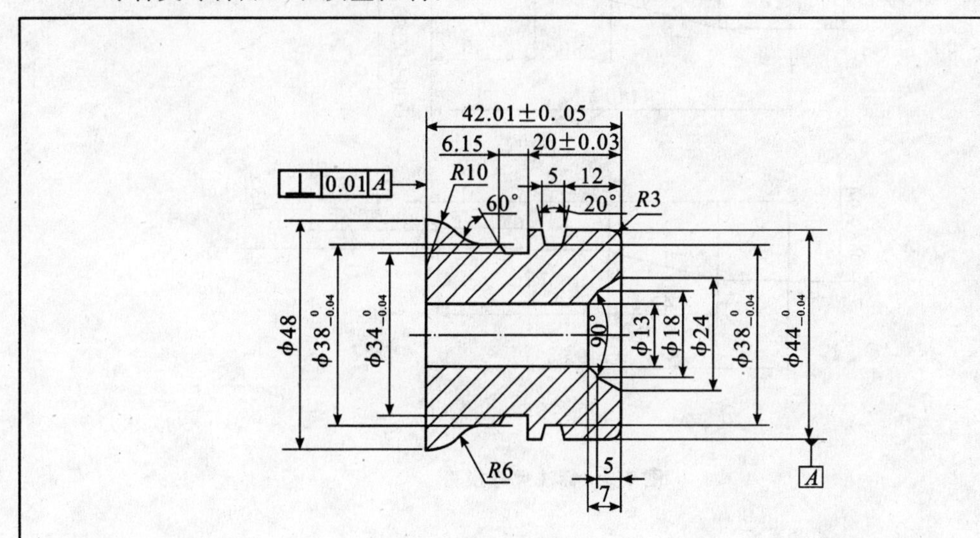

技术要求:
1. 以中、小批量生产条件编程;
2. 不准用砂布及锉刀等修饰表面（可清理毛刺）;
3. 未注公差尺寸按GB/T1804—m;
4. 未注倒角C1、锐角倒钝C0.02;
5. 材料及备料尺寸，铝合金（φ50×50）。

其余 $\sqrt{Ra3.2}$

深圳市宝安职业技术学校				图号			
				数量		比例	
设计		校对		材料	铝合金	重量	
制图		日期		综合类零件加工操作题			
额定工时							

图 5-1　零件图样

相关知识

知识　手工编程中的数值换算

图样上的尺寸基准与编程所需要的尺寸基准不一致时，应将图样上的尺寸基准、尺寸换算为编程坐标系中的尺寸，再进行下一步数学处理工作。

1. 直接换算

直接换算是指直接通过图样上的标注尺寸获得编程尺寸的一种方法。进行直接换算时，可对图样上给定的基本尺寸或极限尺寸的中值经过简单的加、减运算后即可完成。

如图 5-2(b)所示，除尺寸 42.1 mm 外，其余的均属直接按图 5-2(a)所示标注尺寸经换算后得到的编程尺寸。其中，ϕ59.94 mm、ϕ20 mm 及 140.08 mm 三个尺寸为分别取两极限尺寸平均值后得到的编程尺寸。

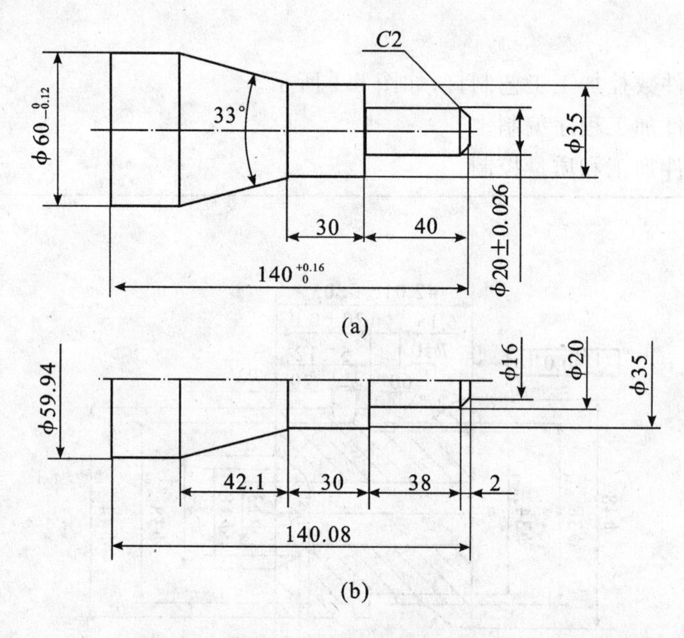

图 5-2　标注尺寸换算

在取极限尺寸中值时，应根据数控系统的最小编程单位进行圆整。当数控系统最小编程单位规定为 0.01 mm 时，如果遇到有第三位小数值(或更多位小数)，基准孔按照“四舍五入”方法，基准轴则将第三位进位，例如：

(1)当孔尺寸为 $\phi20_{0}^{+0.025}$ mm 时，其中值尺寸取为 ϕ20.01 mm。

(2)当轴尺寸为 $\phi16_{-0.07}^{0}$ mm 时，其中值尺寸取(15.965 + 0.005) mm 为 ϕ15.97 mm。

(3)当孔尺寸为 $\phi16_{0}^{+0.07}$ mm 时，其中值尺寸取为 ϕ16.04 mm。

2. 间接换算

间接换算是指需要通过平面几何、三角函数等计算方法进行必要计算后，才能得到其编程尺寸的一种方法。

用间接换算方法所换算出来的尺寸，可以是直接编程时所需的基点坐标尺寸，也可以是为计算某些基点坐标值所需要的中间尺寸。常用基点计算方法有：列方程求解法、三角函数法、计算机绘图求解法等。

1）解析法

（1）解析法中的常用方程。由于基点计算主要内容为直线和圆弧的端点、交点、切点的计算，因此，列方程求解法中用到的直线方程的一般形式为

$$A_x + B_y + C = 0$$

式中：A_x、B_y、C——任意实数，并且 A、B 不能同时为零。

直线方程的标准形式为

$$y = kx + b$$

式中：k——直线的斜率，即倾斜角的正切值；

b——直线在 Y 轴上的截距。

圆的标准方程为

$$(x-a)^2 + (y-b)^2 = R^2$$

式中：a、b——分别为圆心的横、纵坐标；

R——圆的半径。

圆的一般方程为

$$x^2 + y^2 + D_x + E_y + F = 0$$

式中：D_x——常数，并等于 $-2a$，a 为圆心的横坐标；

E_y——常数，并等于 $-2b$，b 为圆心的纵坐标；

F——常数，且 $F=a^2+b^2-R^2$，其中圆半径

$$R = \frac{1}{2}\sqrt{D^2 + E^2 - 4F}$$

（2）列方程求解直线与圆弧的交点或切点。为了叙述上的方便，这里把直线与圆弧的关系及其列方程求解的方法归纳为表 5-1 所示的两种类型。

表 5-1　求直线与圆弧的交点或切点

类型	类型图	联立方程与推导计算公式	说　明
直线与圆弧相交	已知：k，b，(x_0, y_0)，R，求 (x_C, y_C)	方程：$\begin{cases}(x-x_0)^2+(y-y_0)^2=R^2\\ y=kx+b\end{cases}$ 公式：$A=1+k^2$ $B=2[k(b-y_0)-x_0]$ $C=x_0^2+(b-y_0)^2-R^2$ $x_C=\dfrac{-B\pm\sqrt{B^2-4AC}}{2A}$ $y_C=kx_C+b$	公式也可用于求解直线与圆相切时的切点坐标。当直线与圆相切时，取 $B^2-4AC=0$， 此时 $x_C=-B/(2A)$， 其余计算公式不变

续表

类型	类型图	联立方程与推导计算公式	说明
两圆相交	已知：(x_1,y_1)，R_1；(x_2,y_2)，R_2，求(x_C,y_C)	方程：$\begin{cases}(x-x_1)^2+(y-y_1)^2=R_1^2\\(x-x_2)^2+(y-y_2)^2=R_2^2\end{cases}$ 公式：$\Delta x=x_2-x_1$，$\Delta y=y_2-y_1$ $D=\dfrac{(x_2^2+y_2^2-R_2^2)-(x_1^2+y_1^2-R_1^2)}{2}$ $A=1-\left(\dfrac{\Delta x}{\Delta y}\right)^2$ $B=2\left[\left(y_1-\dfrac{D}{\Delta y}\right)\dfrac{\Delta x}{\Delta y}-x_1\right]$ $C=\left(y_1-\dfrac{D}{\Delta y}\right)^2+x_1^2-R_1^2$ $x_C=\dfrac{-B\pm\sqrt{B^2-4AC}}{2A}$ $y_C=\dfrac{D-\Delta x x_C}{\Delta y}$	当两圆相切时，$B^2-4AC=0$，因此该式可用于求两圆相切的切点，公式中求解x_C时，较大值取“+”，较小值取“-”

2)三角函数计算法

(1)三角函数法中常用的定理。三角函数计算法简称三角计算法。在手工编程工作中，三角函数计算法是进行数学处理时应重点掌握的方法之一。三角函数计算法常用的三角函数定理的表达式如下。

正弦定理

$$\frac{a}{\sin A}=\frac{b}{\sin B}=\frac{c}{\sin C}=2R$$

余弦定理

$$\cos A=\frac{a^2+b^2+c^2}{2ab}$$

式中：a、b、c——分别为角 A、B、C 所对边的边长；

R——三角形外接圆半径。

(2)三角函数法求解直线和圆弧的交点与切点。为了叙述上的方便，把直线与圆弧的关系及其求解方法归纳为表 5-2 所示的四种类型。

3)计算机绘图求解法

通过采用 CAD 绘图软件来分析基点与节点坐标时，首先用软件绘制出零件二维图形并标出相应尺寸，然后根据坐标系的方向及所标注的尺寸确定基点的坐标。当前，在国内常用的 CAD 软件有 AutoCAD 和 CAXA 电子图板等，采用 CAD 绘图分析法可以避免大量复杂的人工计算，操作方便，基点分析精度高，出错几率少。

表 5-2　三角函数求解直线和圆弧的交点与切点的四种类型

类型	类型图	推导后的计算公式	说明
直线与圆相切	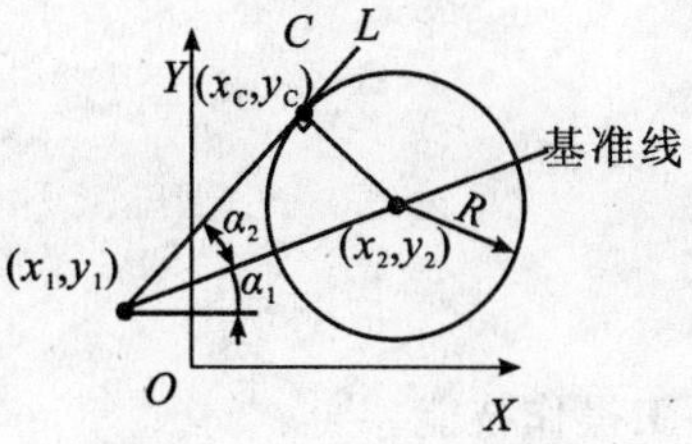 已知：(x_1,y_1)；(x_2,y_2)，R，求(x_C,y_C)	$\Delta x = x_2 - x_1, \Delta y = y_2 - y_1$ $\alpha_1 = \arctan(\Delta y/\Delta x)$ $\alpha_2 = \arctan\dfrac{R}{\sqrt{\Delta x^2 + \Delta y^2}}$ $\beta = \lvert \alpha_1 \pm \alpha_2 \rvert$ $x_C = x_2 \pm R\lvert\sin\beta\rvert$ $y_C = y_2 \pm R\lvert\cos\beta\rvert$	公式中的角度是有向角。由于过已知点与圆的切线有两条，具体选哪条切线应由 α_2 前面"±"号确定，沿基准线的逆时针方向为"+"
直线与圆相交	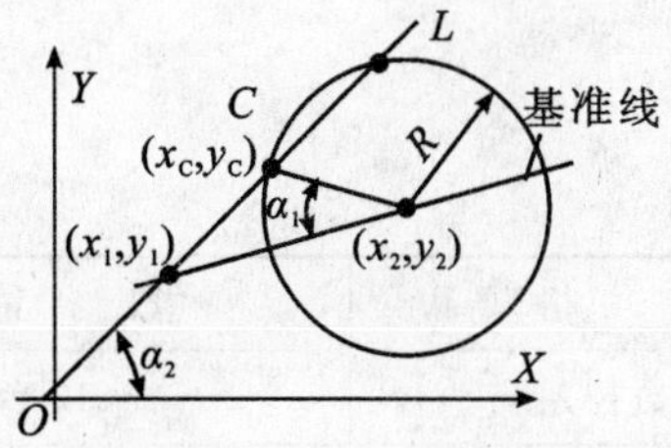 已知：(x_1,y_1)，α_1；(x_2,y_2)，R，求(x_C,y_C)	$\Delta x = x_2 - x_1, \Delta y = y_2 - y_1$ $x_2 = \arcsin\left\lvert\dfrac{\Delta x\sin\alpha_1 - \Delta y\cos\alpha_1}{R}\right\rvert$ $\beta = \lvert \alpha_1 \pm \alpha_2 \rvert$ $x_C = x_2 \pm R\lvert\cos\beta\rvert$ $y_C = y_2 \pm R\lvert\sin\beta\rvert$	公式中的角度是有向角，α_2 取角度绝对值不大于 90°范围内的那个角。直线相对于 X 逆时针方向为"+"，反之为"−"
两圆相交	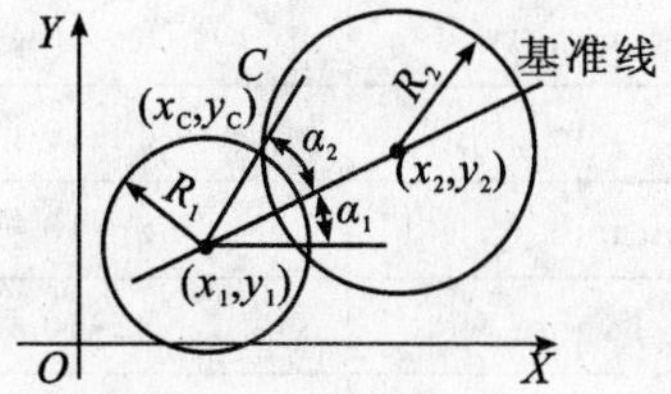 已知：(x_1,y_1)，R_1；(x_2,y_2)，R_2，求(x_C,y_C)	$\Delta x = x_2 - x_1, \Delta y = y_2 - y_1$ $d = \sqrt{\Delta x^2 + \Delta y^2}$ $\alpha_1 = \arctan(\Delta y/\Delta x)$ $\alpha_2 = \arccos\dfrac{R_1^2 + d^2 - R_2^2}{2R_1 d}$ $\beta = \lvert \alpha_1 \pm \alpha_2 \rvert$ $x_C = x_1 \pm R_1\cos\lvert\beta\rvert$ $y_C = y_1 \pm R_1\sin\lvert\beta\rvert$	两圆相切时，α_2 等于 0，计算较为方便，两圆相交的另一交点坐标根据公式中的"±"选取，注意 X 和 Y 值相互间的搭配关系
直线与两圆相切	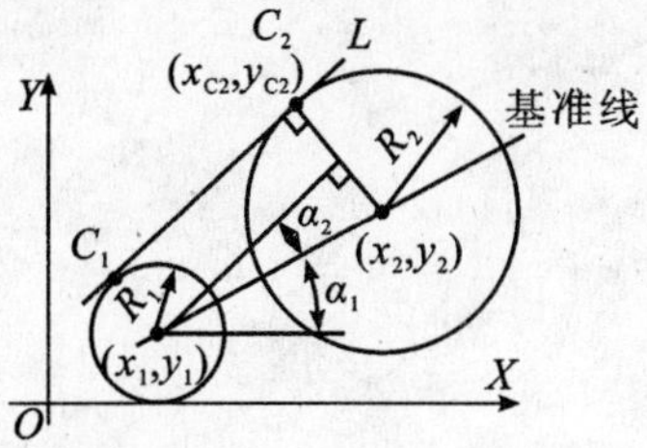 已知：(x_1,y_1)，R_1；(x_2,y_2)，R_2，求(x_{C2},y_{C2})	$\Delta x = x_2 - x_1, \Delta y = y_2 - y_1$ $\alpha_1 = \arctan(\Delta y/\Delta x)$ $\alpha_2 = \arcsin\dfrac{R_大 \pm R_小}{\sqrt{\Delta x^2 + \Delta y^2}}$ $\beta = \lvert \alpha_1 \pm \alpha_2 \rvert$ $x_{C1} = x_1 \pm R_1\sin\beta$ $y_{C1} = y_1 \pm R_1\lvert\cos\beta\rvert$ 同理，$x_{C2} = x_2 \pm R_2\sin\beta$ $y_{C2} = y_2 \pm R_2\lvert\cos\beta\rvert$	求 α_2 角度值时，内公切线用"+"，外公切线用"−"。$R_大$ 表示大圆半径，$R_小$ 表示小圆半径

任务实施

实施一　目的及要求

(1)掌握综合类零件的数控加工工艺制订。

(2)掌握数控车床综合类零件加工的程序编制与加工操作技能。

(3)学会数控车床综合类零件的加工质量控制与检测。

实施二　设备及器材

综合类零件数控加工的设备及器材如表 5-3 所示。

表 5-3　设备及器材

项　目	名　称	规　格	数　量
设备	数控车床	华中数控系统	8～10 台
夹具	三爪卡盘	250 mm	8～10 套
刀具	93°外圆车刀	20×20	8～10 把
	切槽车刀	刃宽 3 mm	8～10 把
	麻花钻	ϕ13 mm	8～10 只
	内孔车刀	ϕ10 mm	8～10 把
量具	游标卡尺	150 mm	8～10 把
	内径量表	10～18 mm	8～10 只
	百分表	0.02	8～10 块
工具	锥柄钻夹头	莫氏 3 号	8～10 只
其他	毛刷、扳手、垫片等	配套	一批

实施三　内容与步骤

1. 制订加工工艺

分析零件图样，制订综合零件的数控加工工艺。

1)零件图样工艺分析

该零件表面由外圆柱面、内圆柱面、顺圆弧、逆圆弧及外槽等表面组成，其中多个直径尺寸与轴向尺寸有较高的尺寸精度和表面粗糙度要求。零件尺寸标注完整，符合数控加工尺寸标注要求；轮廓描述清楚完整；零件材料为铝合金，切削加工性能较好，无热处理和硬度要求。

2)确定装夹方案

由于该零件毛坯结构为圆棒料,选用通用夹具三爪卡盘装夹先加工零件右端,第二次装夹时用铜片保护好已加工表面,再加工零件左端。

3)确定加工顺序及刀具选择

综合零件加工顺序:钻 ϕ13 通孔→车工件右端内轮廓→车工件右端外轮廓→车工件右端外槽→车工件左端外轮廓。具体加工顺序及刀具选择如表 5-4 所示。

表 5-4　加工顺序及刀具选择

综合类零件加工顺序及刀具选择			
程序号	刀具	材料	加工内容
	麻花钻	高速钢	钻通孔
O1	盲孔车刀	硬质合金	粗车工件右端内轮廓
O2	盲孔车刀	硬质合金	精车工件右端内轮廓
O3	93°外圆车刀	硬质合金	粗车工件右端外轮廓
O4	93°外圆车刀	硬质合金	精车工件右端外轮廓
O5	3 mm 外切槽刀	高速钢	粗车工件右端外槽
O6	3 mm 外切槽刀	高速钢	精车工件右端外槽
O7	93°外圆车刀	硬质合金	粗车工件左端外轮廓
O8	93°外圆车刀	硬质合金	精车工件左端外轮廓

4)切削用量的选择

(1)93°外圆车刀粗车的进给速度 $F=120$ mm/min,切削深度 $a_p=1.5$ mm,转速 $n=600$ r/min。

(2)93°外圆车刀精车的进给速度 $F=100$ mm/min,切削深度 $a_p=0.5$ mm,转速 $n=1200$ r/min。

(3)钻孔时,$F=50$ mm/min,$n=400$ r/min。

(4)粗车内轮廓时,$F=120$ mm/min,$a_p=1.0$ mm,$n=600$ r/min。

(5)精车内轮廓时,$F=100$ mm/min,$a_p=0.5$ mm,$n=1200$ r/min。

(6)粗车外槽时,$F=60$ mm/min,$n=600$ r/min。

(7)精车外槽时,$F=80$ mm/min,$a_p=0.5$ mm,$n=800$ r/min。

2. 编写零件加工程序

(1)车右端内轮廓的编程示意图如图 5-3 所示,粗、精加工程序由表 5-5 所示。

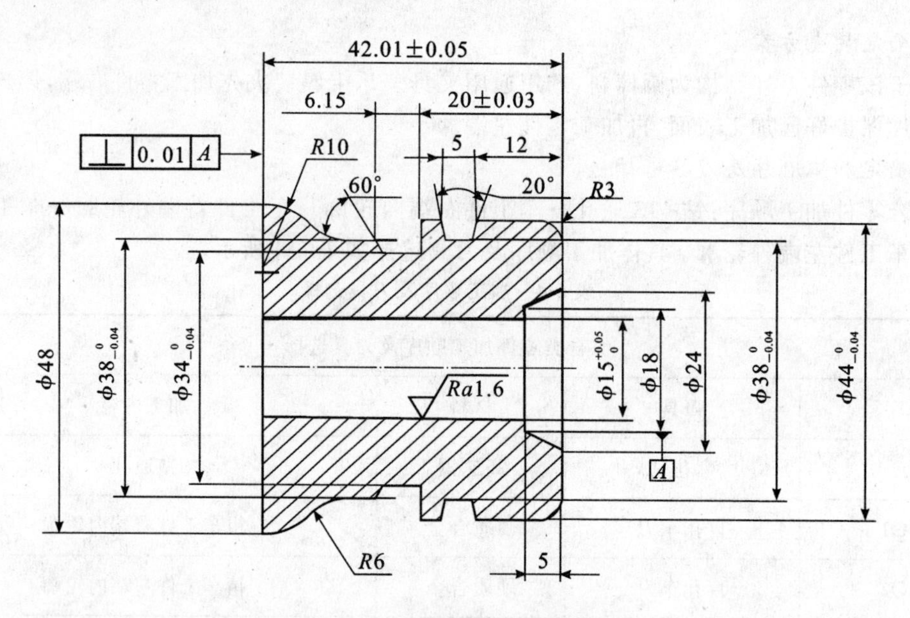

图 5-3 右端内轮廓加工编程示意图

表 5-5 右端内轮廓粗、精加工程序

O1(粗加工)	O2(精加工)
%1	%1
T0303	T0303
M3 S600	M3 S1200
M8	M8
G0 X13 Z3	G0 X13 Z3
G71 U1 R－1 P1 Q2 X－0.3 Z0.1 F120	
N1 G1 X25 F100	N1 G1 X25 F100
Z0	Z0
X24	X24
X18 Z－5	X18 Z－5
X17	X17
X13 C1.5	X13 C1.5
W－1.5	W－1.5
N2 X13	N2 X13
G0 Z100	G0 Z100
M30	M30

(2)车右端外轮廓的编程示意图如图 5-4 所示，粗、精加工程序如表 5-6 所示。

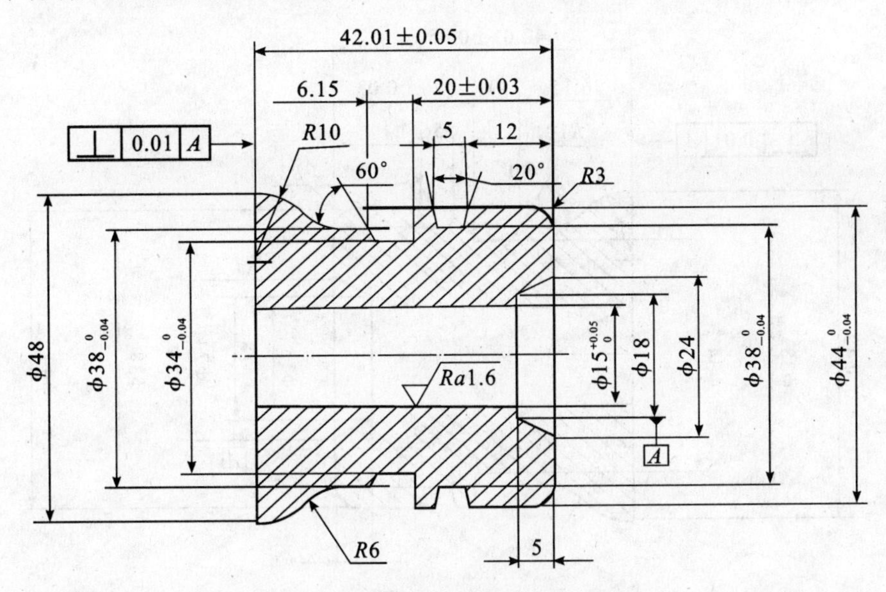

图 5-4　右端外轮廓加工编程示意图

表 5-6　右端对外轮廓粗、精加工程序

O3(粗加工)	O4(精加工)
%1	%1
T0101	T0101
G0 X100 Z100	G0 X100 Z100
M3 S600	M3 S1200
G0 X51 Z3	G0 X51 Z3
G71 U1.5 R1 P1 Q2 X0.5 Z0.1 F120	
N1 G1 X37 F100	N1 G1 X37 F100
Z0	Z0
X44 R3	X44 R3
Z−28	Z−28
N2 G0 X51	N2 G0 X51
G0 X100 Z100	G0 X100 Z100
M30	M30

(3)车右端外槽的编程示意如图 5-5 所示,加工程序如表 5-7 所示。

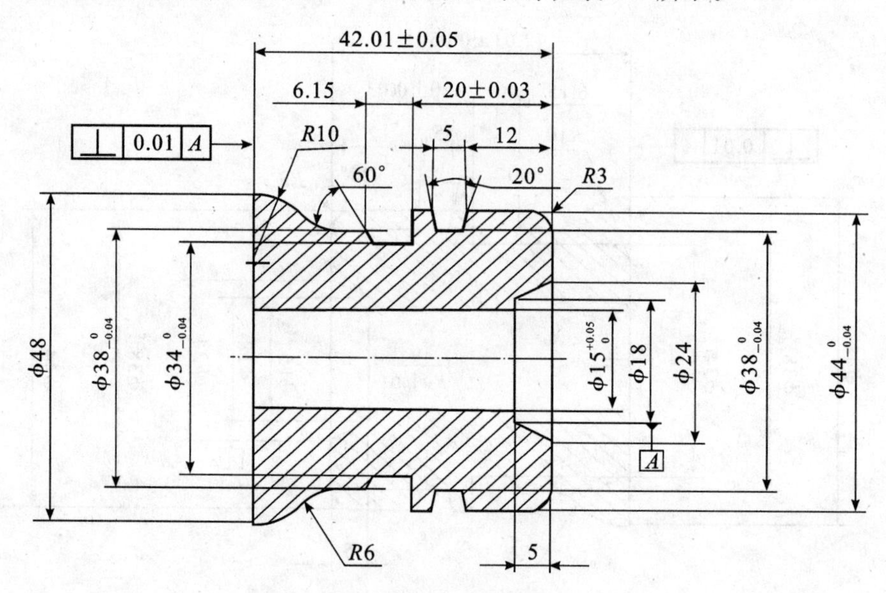

图 5-5 右端外槽加工编程示意图

表 5-7 右端外槽粗、精加工程序

O5(粗加工)	O6(精加工)
%1	%1
T0202	T0202
M3 S600	M3 S800
M8	M8
G0 X51 Z3	G0 X51 Z3
Z−16	Z−15
G1 X38 F60	G1 X44 F80
X46	X38 W−0.53
X44 Z−15	Z−16.47
X38 W−0.53	X44 W-0.53
X44 W−0.53	X46
X46	Z−23
X44 Z−17	X34
X34 Z−16.47	Z−25
X46	X38 W−115
Z−23	X51
X34 F60	
X46	
Z−25	
X34	
X46	

续表

O5(粗加工)	O6(精加工)
X38 Z－26.15	
X34 W1.15	
X51	
G0 X100 Z100	G0 X100 Z100
M30	M30

(4)车左端外轮廓的编程示意如图 5-6 所示,加工程序如表 5-8 所示。

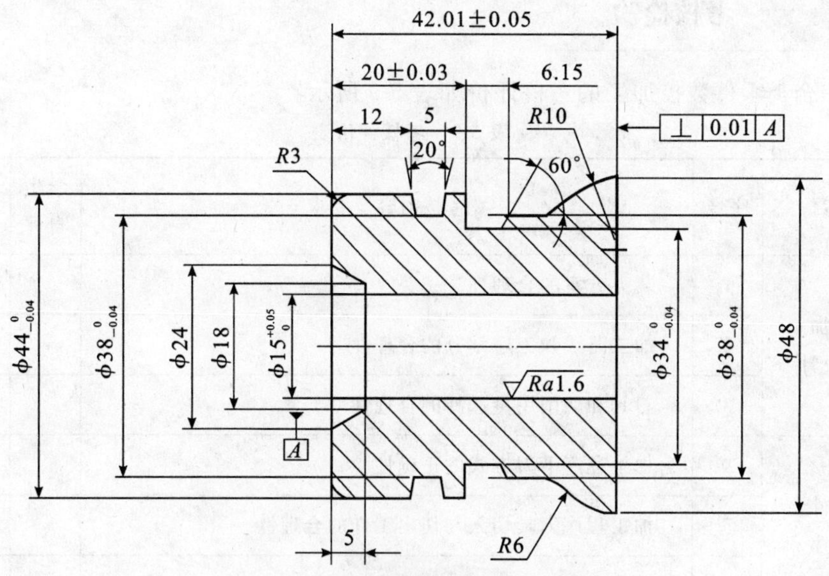

图 5-6　左端外轮廓加工编程示意图

表 5-8　左端外轮廓粗、精加工程序

O7(粗加工)	O8(精加工)
%1	%1
T0101	T0101
G0 X100 Z100	G0 X100 Z100
M3 S600	M3 S1200
G0 X51 Z10	G0 X51 Z10
M8	M8
G71 U1.5 R1 P1 Q2 X0.5 Z0.1 F120	
N1 G1 X14 F100	N1 G1 X14 F100
Z0	Z0
G3 X21.73 Z－4.19 R10	G3 X21.73 Z－4.19 R10
G2 X38 W－5.03 R6	G2 X38 W－5.03 R6
G1 Z－18	G1 Z－18
N2 G0 X51	N2 G0 X51
G0 X100 Z100	G0 X100 Z100
M30	M30

3. 零件加工及检测

操作数控车床加工综合类零件，并进行零件质量检测。

考核评价

考评一　考核检验

学习综合类零件数控加工的考核评价如表 5-9 所示。

表 5-9　考核评价表

项　　目	序号	考核内容及要求	学生自评	学生互评	教师评价
零件数控加工工艺的设计	1	装夹方案的合理性			
	2	加工路线和工序划分的合理性			
	3	刀具和切削用量选择的合理性			
编制零件加工程序	4	加工程序下刀方式的正确性			
	5	加工程序刀具切入与切出工件的合理性			
	6	编写程序的正确性和技巧性			
零件加工与检测	7	数控车床操作的安全性			
	8	解决加工过程中出现的问题			
	9	加工零件的正确性			
	10	检测加工零件的精度			
综合评价	11	考核评价标准：(优、良、中、合格、不合格) 纪律评价(20%)　　考核评价(80%)			
签名	学生自评签名(　　　)　学生互评签名(　　　)　教师评价签名(　　　)				

考评二　学习反思

对综合类零件数控加工的学习反思如表 5-10 所示。

表 5-10　学习反思类型与内容

类　型	内　容
掌握知识	
掌握技能	
收获体会	
需解决的问题	
学生签名	

考评三　评价成绩

学习综合类零件数控加工的评价成绩如表 5-11 所示。

表 5-11　评价及成绩

学生自评	学生互评	综合评价	实训成绩	
			技能考核(80%)	
			纪律情况(20%)	
			实训总成绩	
			教师签名	

拓展内容

拓展　高速切削

高速切削的意义。高速加工技术是 20 世纪 80 年代发展起来的一项高新技术，其研究应用的一个重要目标是缩短加工时的切削与非切削时间，减少复杂形状和难加工材料及高硬度材料加工工序，最大限度地实现产品的高精度和高质量。由于不同加工工艺和工件材料有不同的切削速度范围，因而很难就高速切削给出一个确切的定义。目前，一般的理解为切削速度达到普通加工切削速度的 5～10 倍即可认为是高速切削。

高速切削的研究方向。高速切削作为一种新的技术，其优点是显而易见的，它给传统的数控加工带来了一种革命性的变化，但是，即便是在加工机床水平先进的瑞士、德国、日本、美国，对这一崭新技术的研究也还处在不断摸索研究中，许多问题还有待解决。例如，高速机床的动态、热态特性；刀具材料、几何角度和耐用度问题；机床与刀具间的接口技术（刀具的动平衡、扭矩传输）；冷却液、润滑液的选择；CAD/CAM 的程序后处理问题；高速加工时刀具轨迹的优化问题，等等。国内在这一方面的研究尚处于起步阶段，要赶上并尽快缩小与国外同行业间的差距，还有许多路要走。

思考练习

一、选择题

1. 华中数控系统的G72指令中，W指的是________。

A. 退刀量　　B. X轴精加工余量
C. 粗车每层切削深度　　D. Z轴精加工余量

2. 当孔尺寸为$\phi 30^{+0.05}_{0}$ mm时，其中直径尺寸取________为合格。

A. ϕ31 mm　　B. ϕ30.98 mm　　C. ϕ30.03 mm　　D. ϕ30.5 mm

3. 车刀有________、端面车刀、切断车刀、内孔车刀等几种。

A. 外圆车刀　　B. 三面车刀　　C. 尖齿车刀　　D. 平面车刀

4. ________一般用来车削轴类工件的外圆、端面和右向台阶。

A. 45°车刀　　B. 75°车刀　　C. 90°右偏刀　　D. 任意韧

5. 一般情况下，数控车床可以在一次装夹中，完成所需工序的________。

A. 装夹　　B. 加工　　C. 装配　　D. 检验

二、判断题

(　　)1. 游标卡尺可以测量正在旋转的工件。
(　　)2. 外切槽刀属于成形刀具。
(　　)3. 数控车床在加工工件时经常使用刀具偏置来控制工件加工精度。
(　　)4. 数控车床能够完全替代普通车床加工。
(　　)5. 一般的数控车床具有车床、镗床和钻床的功能。虽然工序高度集中，提高了生产效率，但工件的装夹误差却大大增加。

三、简答题

1. 分析说明G71与G72指令的异同。

2. 影响刀具切削速度的因素有哪些？

四、编程题

编写如图 5-7 所示零件的加工程序，毛坯材料为 45 钢，直径为 60 mm，长度为 180 mm。要求使用 4 把刀完成零件的加工，其中 1 号刀为粗车 90°外圆车刀，2 号刀是精车 90°外圆车刀，3 号刀为切断刀，4 号刀为三角螺纹车刀。

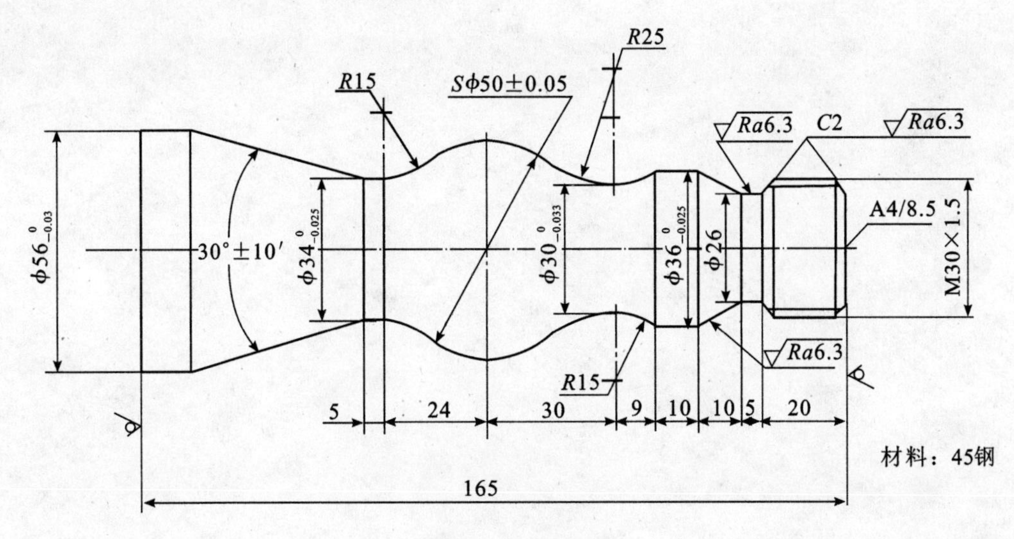

图 5-7　零件图样

项目六

数控车床配合类零件加工

数控车床配合类零件加工是全面训练对零件加工读图、编制加工工艺、选择刀具、装夹方案、编制程序、实际操作和机床日常维护的典型案例，零件包含的加工要素有内外轮廓、内外槽、内外螺纹等。

通过此学习项目，学生能比较全面地掌握数控车床实操加工和数控车床维护技能，提高对典型零件的工艺设计和程序编制的能力。建议配套类零件加工用 12 课时。

知识目标

(1)了解数控车床技能大赛的内容和要求。
(2)掌握配合类零件加工工艺分析和程序编制技能。
(3)了解配合类零件“配作”加工的概念与意义。

技能目标

(1)学会制订配合类零件数控加工工艺。
(2)学会数控车床配合类零件加工的程序编制。
(3)学会数控车床配合类零件加工的操作技能。

素质目标

(1)培养数控车床综合生产管理素质。
(2)培养对数控车床的生产效率和成本意识。

任务

配合类零件加工

工作任务

(1)配合类零件数控加工工艺制订,如图 6-1 所示。

(2)配合类零件加工操作。

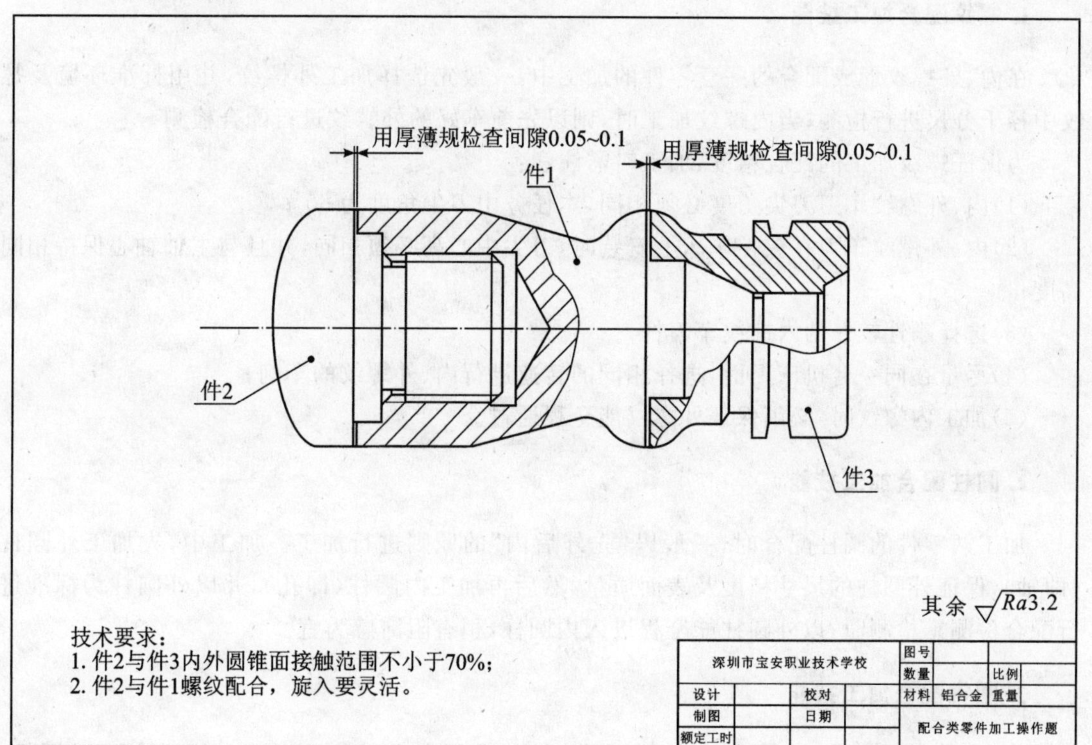

图 6-1　配合类零件图样

相关知识

知识一　合理选择配合类零件加工顺序

配合类零件的加工顺序具有简单类零件与综合类零件加工的综合特征，在加工顺序安排上除了要遵循其原则，还要了解配合类零件特定的加工顺序特点。

(1)各配合件单独加工。按图样设计意图加工即可满足配合要求，这种配合通常应用于配合件数不多的场合，如两件单一配合、两件多位置配合。这种配合往往对配合的尺寸公差、配合间隙、相对运动精度和密封要求均不会太高，多工位加工时采用分中对刀的方法即可。

(2)各配合件配作。选择一个能反映整套配合件特征的零件先行加工，再以这个工件的已加工部分为配合基准，加工其余的零件。在配作前，应依据工程图样将需要配合的部分正确加工出来，再配作其他加工要素。

知识二　配合加工技能

1. 螺纹配合加工技能

在内、外螺纹形成配合的一套零件的加工中，一般先选择加工外螺纹，并用标准环境及螺纹中径千分尺进行检测；当内螺纹加工时，则以先前车好的外螺纹进行配合检测。

为保证螺纹加工的配合精度，加工时需注意：

(1)内、外螺纹车刀刀尖角度必须相同，本任务中刀尖角度为60°；

(2)内、外螺纹车刀在数控车床上安装时，刀尖中心高必须相同，并且与主轴轴心保持相同高度；

(3)选择刚性较好的内螺纹车刀杆；

(4)尽量在同一台机床上面，选择相同的转速进行内、外螺纹的车削；

(5)加工内螺纹时，必须保证外螺纹能全程通过。

2. 圆柱配合加工技能

加工两零件的圆柱配合时，一般以“先外后内”的原则进行加工。加工中，先加工外圆柱(即轴)，保证外圆柱的尺寸精度及表面质量，然后再加工内圆柱(即孔)，并以外圆柱为标准进行配合检测。检测时，以外圆柱能全程进入内圆柱，稍有阻滞感为宜。

3. 圆锥配合加工技能

加工两零件的圆锥配合时，也是以“先外后内”的原则进行加工。加工中，先加工外圆锥，保证外圆锥的尺寸、角度及表面精度，然后再加工内圆锥，并以外圆锥为标准进行“涂色检测”。检测时，以外圆锥与内圆锥的接触长度为判别依据，本任务要求接触长度不小于70%的为合格。检测方法如图 6-2 所示。

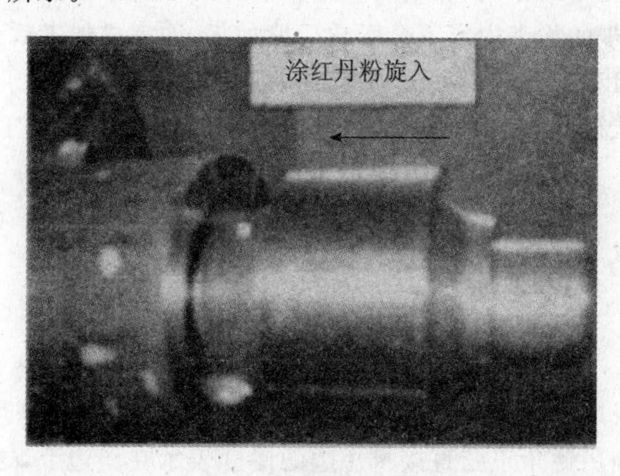

图 6-2　锥度配合

为保证圆锥的配合精度,加工时应该注意:

(1)内、外圆锥的车削刀具的刀尖中心高必须相同,并且与主轴轴心高度一致;

(2)必须保证内、外圆锥的表面精度,否则会影响内、外圆锥的配合精度;

(3)涂色检测时,以内、外圆锥的接触率为判别依据,接触率越高,配合效果越好;

(4)当发现涂色检测接触率太小时,可通过修调内锥加工起点或终点的直径坐标值后,再次加工内圆锥来增大内、外圆锥配合的接触率;

(5)当内、外圆锥配合时,以稍有阻滞或有吸力的感觉为宜。若内锥尺寸过大,则无法配合。所以,当进行内圆锥的精加工前,应该利用外圆锥进行配合,并利用塞尺测量出配合间隙,然后根据三角函数关系,算出内圆锥直径的实际精车余量,最后修正加工程序的精车余量值后再进行精加工。

如图 6-3 所示,当测量出内、外圆锥的配合间隙为 0.15 mm 时,内圆锥直径的实际精车 $X_{实}$ 为

$$X_{实}=2\times 0.15\times \tan 20^{\circ}\ \text{mm}=0.109\ \text{mm}$$

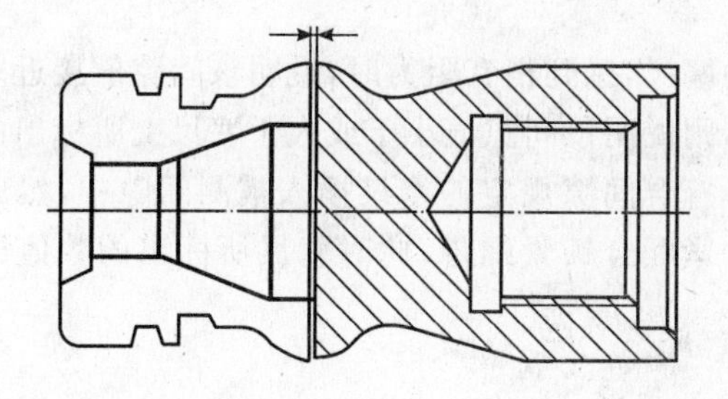

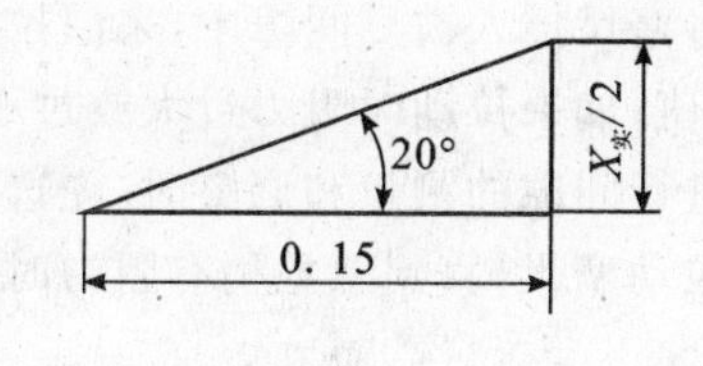

图 6-3　圆锥配合间隙

有别于简单零件加工的加工顺序,多面类零件的加工应更多地考虑加工过程的工序分布、工步划分以及走刀路线的合理安排,其中加工顺序是在数控铣加工工艺中首要解决的问题。多面类零件加工的几何要素和加工工步较单一工序零件的都要多,为了防止前道工序或工步对后续加工的干涉,要根据所选择刀具类型、直径和装夹情况而定,通常应遵循以下几点。

（1）尽量采用基准统一的原则，加工的工序基准与图样设计基准要尽可能的重合。

（2）当前工序或工步的加工内容不会影响后续加工，如完成加工后孔、槽、凸台和曲面不会干涉后续工序的进退刀和走刀，也不以小平面或曲面作为装夹面。

（3）先加工去除量大的几何要素部分，以排除对工件刚性破坏较大的工序对零件精度的影响。

知识三　塞　尺

1. 塞尺的结构

塞尺又称测微片或厚薄规，是用于检测间隙的测量器具之一。塞尺的横截面为直角三角形，在斜边上有刻度，利用锐角正弦直接将短边的厚度表示在斜边上，这样，就可以直接读出缝的大小。塞尺的结构如图 6-4 所示。

图 6-4　塞尺的结构

2. 塞尺测量间隙的方法

（1）用干净的布将塞尺测量表面擦拭干净，不能在塞尺沾有油污或金属屑末的情况下进行测量，否则，将影响测量结果的准确性。

（2）将塞尺插入被测间隙中，来回拉动塞尺，感到稍有阻力时，说明该间隙值接近塞尺上所标出的数值；如果拉动时阻力过大或过小，则说明该间隙值小于或大于塞尺上所标出的数值。

（3）进行间隙的测量和调整时，先选择符合间隙规定的塞尺插入被测间隙中，然后一边调整，一边拉动塞尺，直到感觉稍有阻力时拧紧配合锁紧螺母，此时塞尺所标出的数值即为被测间隙值。

任务实施

实施一　目的及要求

（1）了解数控车床技能大赛实操加工要求和车床维护技能。

(2)掌握数控车床加工配合类零件的工艺设计和程序编制技能。

(3)提高数控车床零件加工程序编制与加工操作技能。

实施二　设备及器材

配合类零件加工的设备及器材如表 6-1 所示。

表 6-1　设备及器材

项　目	名　称	规　格	数　量
设备	数控车床	华中数控系统	8～10 台
夹具	三爪卡盘	250 mm	8～10 套
刀具	93°外圆车刀	20×20	8～10 把
	外切槽刀	刃宽 3 mm	8～10 把
	内孔车刀	ϕ10	8～10 把
量具	游标卡尺	150 mm	8～10 把
	千分尺	千分尺 0～25 mm、25～50 mm	8～10 把
	百分表	0.02	8～10 块
	塞尺	0.02～1 mm	8～10 把
其他	毛刷、扳手、垫片、红丹、碎布等	配套	一批

实施三　内容与步骤

1. 确定工艺方案

根据零件图样和技术要求的分析，确定配合类零件数控加工工艺方案。

1)装夹方案的确定

该加工零件形状复杂程度一般，毛坯为短棒料，需要多面加工，加工面与面之间的位置精度和尺寸精度均要求不高，故可选用通用夹具三爪卡盘装夹。装夹方案如图 6-5 所示。

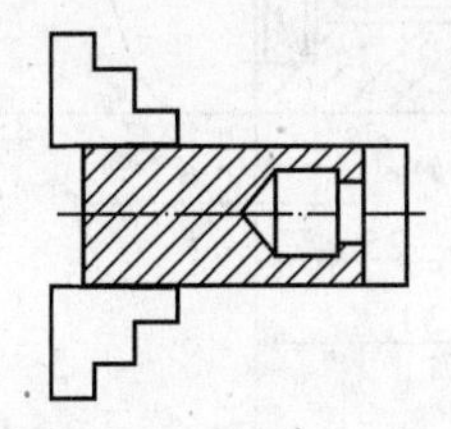

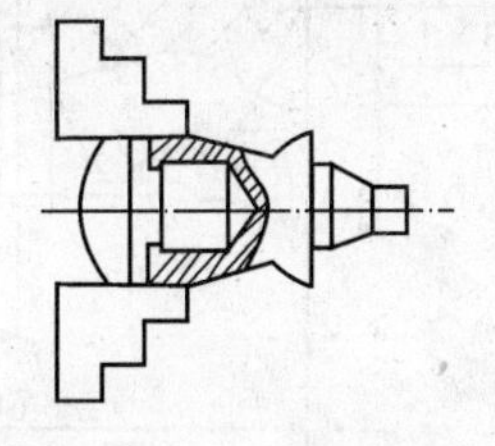

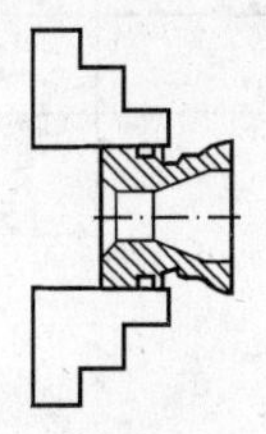

图 6-5　装夹方案

2)切削用量和切削液的选择

(1)切削用量:根据加工材料、刀具材料等因素,查表 3-1 可得。

(2)切削液:根据加工材料、刀具材料等因素选择水融乳化切削液。

3)加工顺序和刀具的选择(以加工刀具划分工序)

配合零件加工顺序与刀具选择如表 6-2 所示。

表 6-2 加工顺序及刀具选择

配合类零件加工顺序及刀具选择			
程序号	刀具	材料	加工内容
O1	93°外圆车刀	硬质合金	粗车工件 1、工件 2 配合件右端外轮廓
O2	93°外圆车刀	硬质合金	精车工件 1、工件 2 配合件右端外轮廓
O3	93°外圆车刀	硬质合金	粗车配合件件 1 右端外轮廓
O4	93°外圆车刀	硬质合金	精车配合件件 1 右端外轮廓
O5	3 mm 外切槽刀	高速钢	粗车配合件件 1 右端外槽
O6	3 mm 外切槽刀	高速钢	精车配合件件 1 右端外槽
O7	ϕ10 盲孔车刀	硬质合金	粗车配合件件 3 右端内锥面(和件 1 配作)
O8	ϕ10 盲孔车刀	硬质合金	精车配合件件 3 右端内锥面(和件 1 配作)

2. 编写加工程序

根据数控加工工艺和加工程序编写配合类零件数控加工程序文件。

(1)件 1、件 2 螺纹配合加工右端外轮廓的编程示意如图 6-6 所示,加工程序如表 6-3 所示。

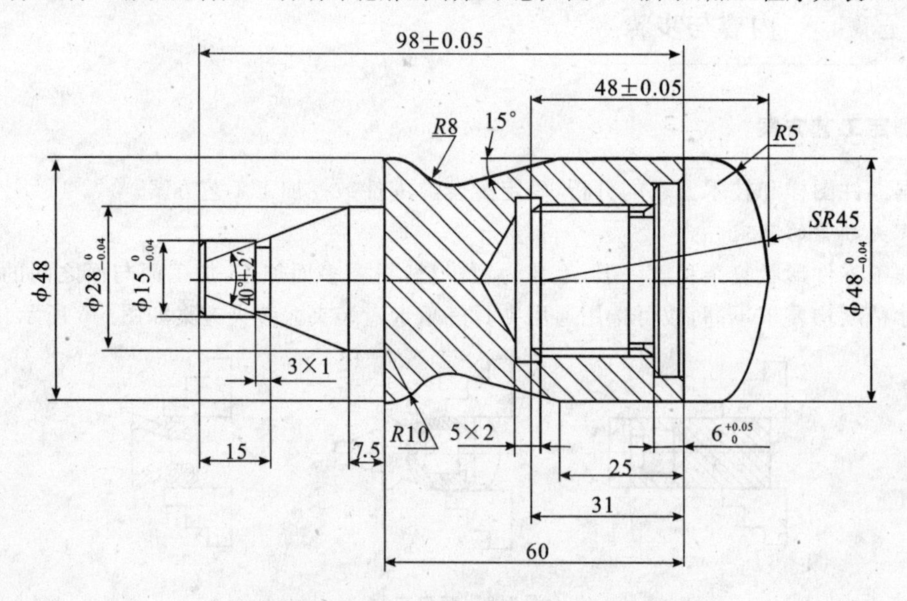

图 6-6 件 1、件 2 螺纹配合加工编程示意图

表 6-3　粗、精车配合件右端外轮廓加工程序

O1(粗加工)	O2(精加工)
%1	%1
T0101	T0101
G0 X100 Z100	G0 X100 Z100
M3 S600	M3 S1200
G0 X51 Z3	G0 X51 Z3
M8	M8
G71 U1.5 R1 P1 Q2 X0.5 Z0.1 F120	
N1 G1 X0 F100	N1 G1 X0 F100
Z0	Z0
G3 X42.74 Z－5.4 R45	G3 X42.74 Z－5.4 R45
G3 X48 W－4.4 R5	G3 X48 W－4.4 R5
G1 Z－42	G1 Z－42
X37.34 W－19.88	X37.34 W－19.88
G2 X41.78 W－7.87 R8	G2 X41.78 W－7.87 R8
G3 X48 Z－77 R10	G3 X48 Z－77 R10
G1 W－1	G1 W－1
N2 G0 X51	N2 G0 X51
G0 X100 Z100	G0 X100 Z100
M30	M30

(2)件 1、件 2 螺纹配合加工件 1 右端外轮廓的编程示意如图 6-7 所示，加工程序如表 6-4 所示。

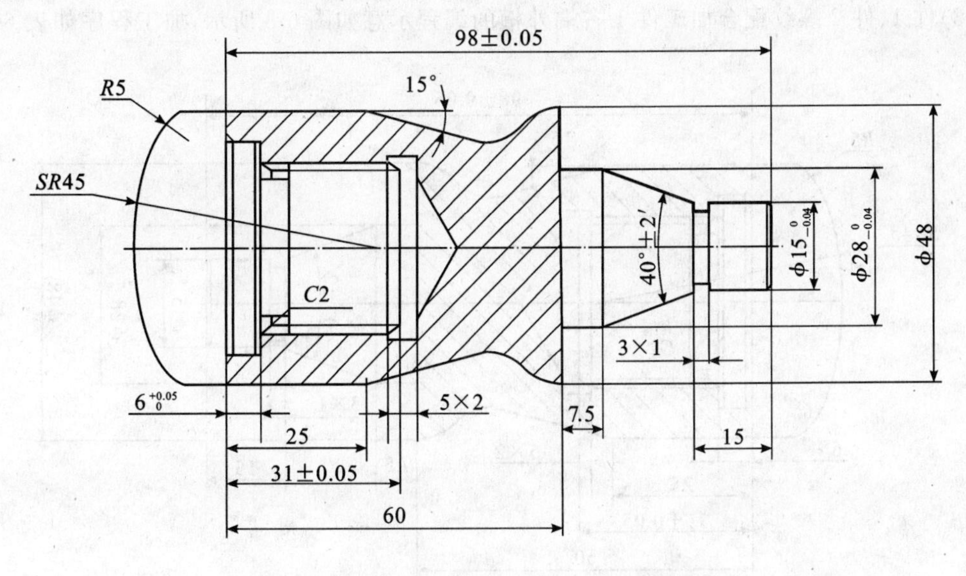

图 6-7　件 1、件 2 螺纹配合加工件 1 编程示意图

表 6-4　粗、精车配合件件 1 右端外轮廓加工程序

O3(粗加工)	O4(精加工)
%1	%1
T0101	T0101
G0 X100 Z100	G0 X100 Z100
M3 S600	M3 S1200
G0 X51 Z3	G0 X51 Z3
M8	M8
G71 U1.5 R1 P1 Q2 X0.5 Z0.1 F120	
N1 G1 X0 F100	N1 G1 X0 F100
Z0	Z0
X15 C1	X15 C1
Z−15	Z−15
X8.36	X8.36
X28 W−15.5	X28 W−15.5
W−7.5	W−7.5
X48 C0.2	X48 C0.2
W−1	W−1
N2 G0 X51	N2 G0 X51
G0 X100 Z100	G0 X100 Z100
M30	M30

(3)件 1、件 2 螺纹配合加工件 1 右端外槽的编程示意如图 6-8 所示，加工程序如表 6-5 所示。

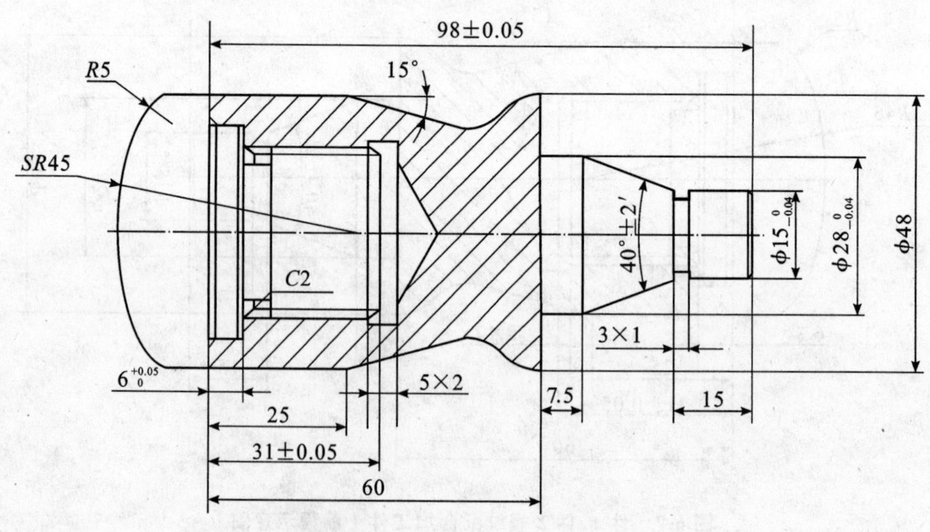

图 6-8　件 1、件 2 螺纹配合加件 1 右端外槽编程示意图

表 6-5　粗、精车件 1、件 2 螺纹配合加工件 1 右端外槽加工程序

O5(粗加工)	O6(精加工)
%1	%1
T0202	T0202
M3 S600	M3 S800
M8	M8
G0 X51 Z3	G0 X51 Z3
X28	X28
G1 Z−15 F500	G1 Z−15 F500
X13 F60	X13 F80
G0 X51	G0 X51
G0 X100 Z100	G0 X100 Z100
M30	M30

(4)件 3 右端内锥面加工(和件 1 配作)的编程示意如图 6-9 所示,加工程序如表 6-6 所示。

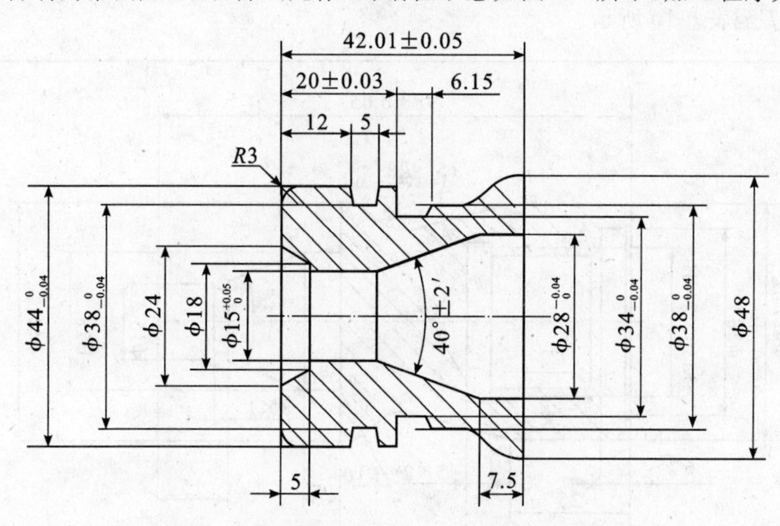

图 6-9　件 3 右端内锥面加工编程示意图

表 6-6　粗、精车件 3 右端内锥面加工程序

O7(粗加工)	O8(精加工)
%1	%1
T0303	T0303
M3 S600	M3 S1200
M8	M8
G0 X13 Z3	G0 X13 Z3

续表

O7(粗加工)	O8(精加工)
G71 U1 R－1 P1 Q2 X－0.3 Z0.1 F120	
N1 G1 X31 F100	N1 G1 X31 F100
Z0	Z0
X28 C1	X28 C1
Z－7.5	Z－7.5
X15 W－15.5	X15 W－15.5
N2 X13	N2 X13
G0 Z100	G0 Z100
M30	M30

3. 零件加工及检测

根据数控大赛的要求操作数控车床加工零件，如图 6-10 至图 6-13 所示，并进行检测。评分标准如表 6-7 至表 6-10 所示。

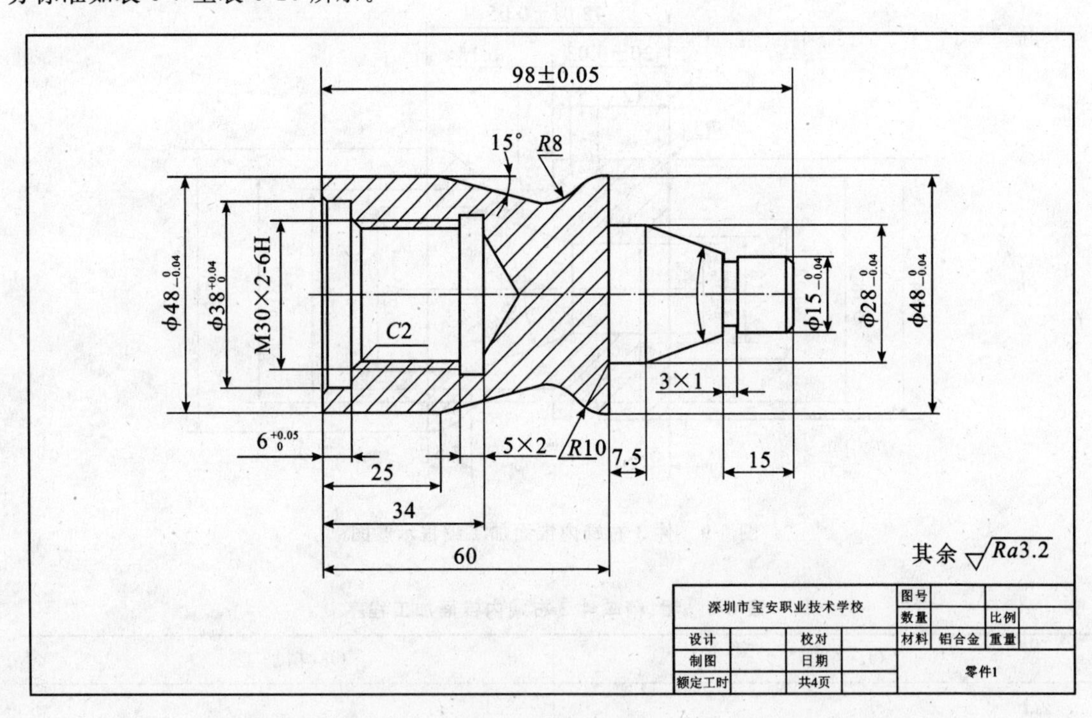

图 6-10　零件 1 图样

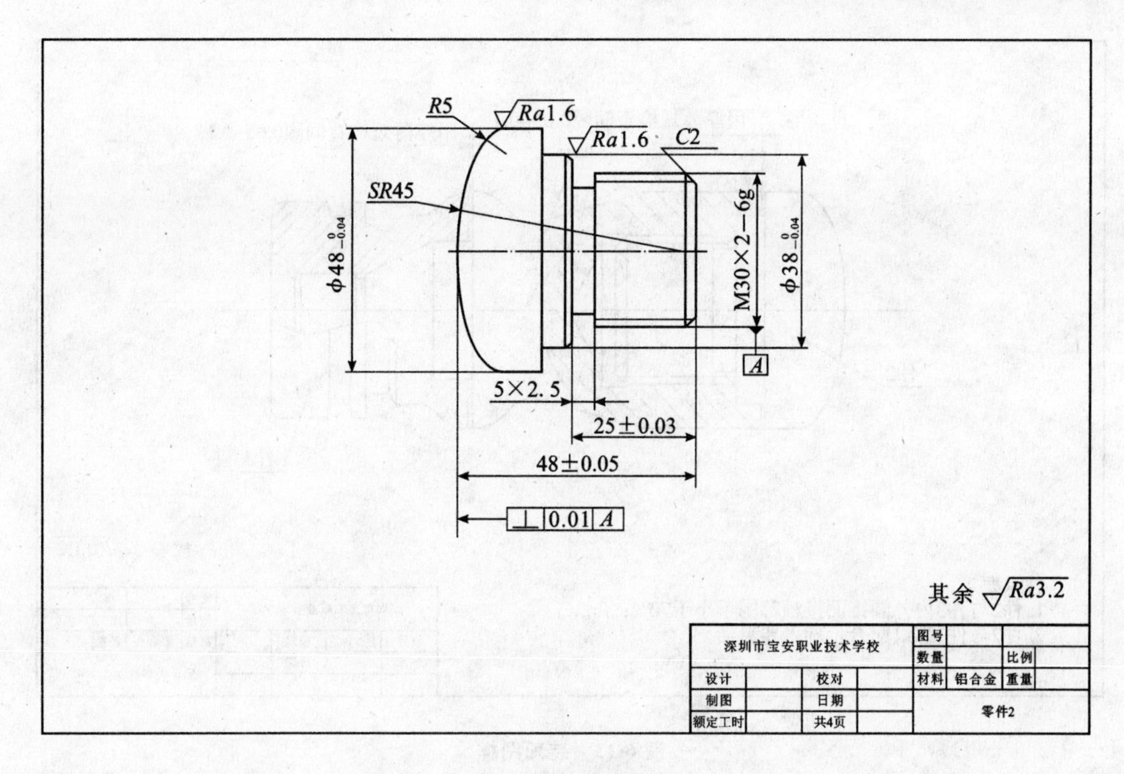

图 6-11　零件 2 图样

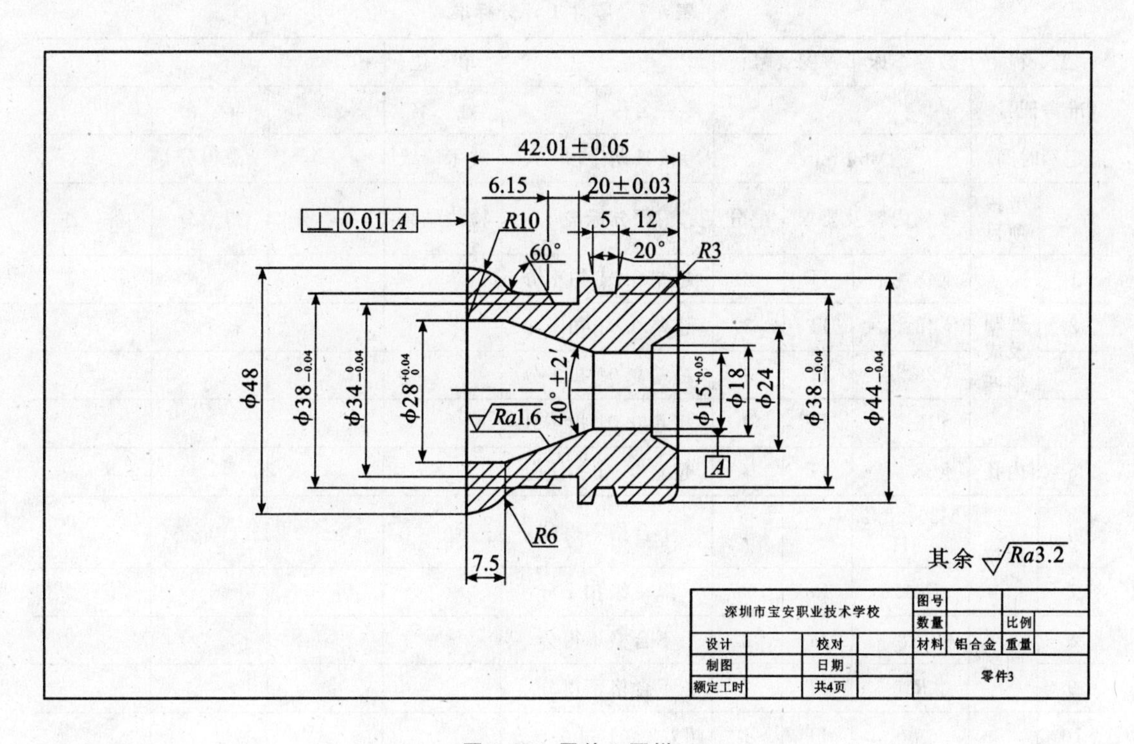

图 6-12　零件 3 图样

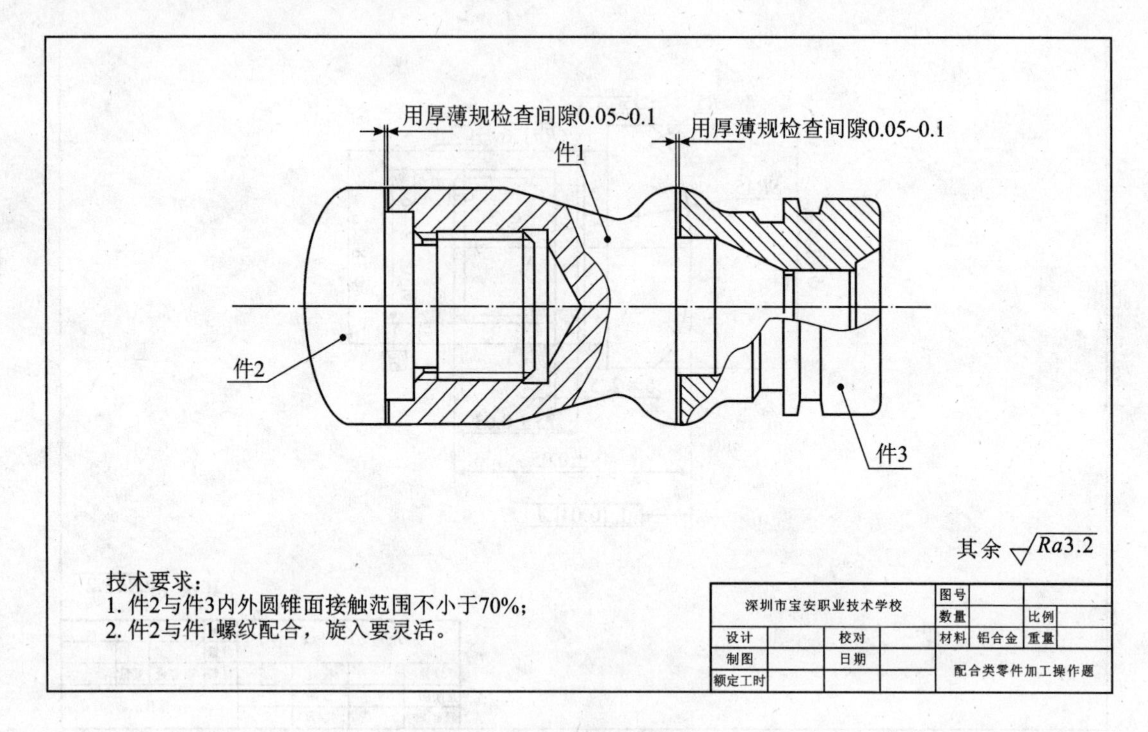

图 6-13 装配图样

表 6-7 零件 1 评分标准

工 种		数控车床	图 号			单 位			
准考证号					零件名称	姓 名		年 龄	
定额时间		360 min			考核日期	技术等级		总得分	
序号	考核项目	考核内容及要求		配分	评分标准	检测结果	扣 分	得 分	备 注
1	外圆及成形面	$\phi 48_{-0.04}^{0}$	IT	3	超差 0.01 扣 1 分				
2		$\phi 48_{-0.04}^{0}$	IT	3	超差 0.01 扣 1 分				
3		$\phi 28_{-0.04}^{0}$	IT	3	超差 0.01 扣 1 分				
4		$\phi 15_{-0.04}^{0}$	IT	3	超差 0.01 扣 1 分				
5	内孔	$\phi 38_{0}^{+0.04}$	IT	3	超差 0.01 扣 1 分				
6	螺纹	M30×3/2-6H		4	不合格不得分				
7		*Ra*1.6	*Ra*	2	降一级扣 1 分				
8	圆弧	*R*8	IT	2	不合格不得分				
9		*R*10	IT	2	不合格不得分				
10	长度	$6_{0}^{+0.05}$	IT	1	超差 0.01 扣 0.5 分				
11		98±0.05	IT	1	超差 0.01 扣 0.5 分				

续表

序号	考核项目	考核内容及要求		配分	评分标准	检测结果	扣　分	得　分	备　注
12	圆锥	40°±2′	IT	3	不合格不得分				
13	角度	15°	IT	2	不合格不得分				
14	文明生产	按有关规定每违反一项从总分中扣3分，发生重大事故取消考试						扣分不超过10分	
15	其他项目	一般按照GB/T1804－m。 工件必须完整，考件局部无缺陷（夹伤等）						扣分不超过10分	
16	程序编制	程序中有严重违反工艺的则取消考试资格，小问题则视情况酌情扣分						扣分不超过25分	
17	加工时间	90 min后尚未开始加工则终止考试；360 min后，每超过1 min扣1分，390 min时，停止考试							
18	总分	32分							
记录员			监考人			检验员		考评人	

表6-8　零件2评分标准

工　种		数控车床	图　号			单　位			
准考证号					零件名称	姓　名		年　龄	
定额时间		360 min			考核日期	技术等级		总得分	
序号	考核项目	考核内容及要求		配分	评分标准	检测结果	扣　分	得　分	备　注
1	外圆及成形面	$\phi 48_{-0.04}^{\ 0}$	IT	3	超差0.01扣1分				
2		$\phi 38_{-0.04}^{\ 0}$	IT	3	超差0.01扣1分				
3	螺纹	M30×1.5－6g		4	不合格不得分				
4		*Ra*1.6	*Ra*	2	降一级扣1分				
5	长度	48±0.05	IT	1	超差0.01扣0.5分				
6		25±0.03	IT	1	超差0.01扣0.5分				
7		$6_{+0.05}^{+0.10}$	IT	1	超差0.01扣0.5分				
8	圆弧	*SR*45	IT	2	不合格不得分				
9	形位公差	⊥ 0.01 *A*		2	不合格不得分				
10		◎ ϕ0.02 *A*		2	不合格不得分				
11	文明生产	按有关规定每违反一项从总分中扣3分，发生重大事故取消考试						扣分不超过10分	
12	其他项目	一般按照GB/T1804－m 工件必须完整，考件局部无缺陷（夹伤等）						扣分不超过10分	
13	程序编制	程序中有严重违反工艺的取消考试资格，小问题则视情况酌情扣分						扣分不超过20分	
14	加工时间	90 min后尚未开始加工则终止考试；360 min后，每超过1 min扣1分，390 min时，停止考试							
15	总分	21分							
记录员			监考人			检验员		考评人	

表 6-9 零件 3 评分标准

工种		数控车床	图号			单位			
准考证号					零件名称	姓名		年龄	
定额时间		360 min			考核日期	技术等级		总得分	
序号	考核项目	考核内容及要求		配分	评分标准	检测结果	扣分	得分	备注
1	外圆及成形面	$\phi 44^{0}_{-0.04}$	IT	3	超差 0.01 扣 1 分				
2		$\phi 38^{0}_{-0.04}$	IT	3	超差 0.01 扣 1 分				
3	内孔	$\phi 28^{+0.04}_{0}$	IT	3	超差 0.01 扣 1 分				
4		$\phi 15^{+0.05}_{0}$	IT	3	超差 0.01 扣 1 分				
5	圆弧	R3	IT	2	不合格不得分				
6	长度	20±0.03	IT	1	超差 0.01 扣 0.5 分				
7		42.01±0.05	IT	1	超差 0.01 扣 0.5 分				
8	圆锥	40°±2′	IT	4	不合格不得分				
9	角度(槽)	20°	IT	2	不合格不得分				
10	文明生产	按有关规定每违反一项从总分中扣 3 分，发生重大事故取消考试						扣分不超过 10 分	
11	其他项目	一般按照 GB/T1804－m						扣分不超过 10 分	
		工件必须完整，考件局部无缺陷(夹伤等)							
12	程序编制	程序中有严重违反工艺的取消考试资格，小问题则视情况酌情扣分						扣分不超过 25 分	
13	加工时间	90 min 后尚未开始加工则终止考试；360 min 后，每超过 1 min 扣 1 分，390 min 时，停止考试							
14	总分	22 分							
记录员			监考人			检验员		考评人	

表 6-10　配合件评分标准

工种		数控车床	图号		单位			
准考证号			零件名称		姓名		年龄	
定额时间		360 min	考核日期		技术等级		总得分	
序号	考核项目	考核内容及要求	配分	评分标准	检测结果	扣分	得分	备注
1	配合	间隙 0.05～0.1(左)	2	超差不得分				
2		间隙 0.05～0.1(右)	2	超差不得分				
3		圆锥配合面积达 70%	4	不达标不得分				
4		螺纹配合	4	不达标不得分				
5	粗糙度	*Ra*(38 处)	9.5	每处超差扣 0.25 分				
6	倒角	(7 处)	3.5	每处超差扣 0.5 分				
7	文明生产	按有关规定每违反一项从总分中扣 3 分，发生重大事故取消考试				扣分不超过 10 分		
8	其他项目	一般按照 GB/T1804－m 工件必须完整，考件局部无缺陷(夹伤等)				扣分不超过 10 分		
9	程序编制	程序中有严重违反工艺的取消考试资格，小问题则视情况酌情扣分				扣分不超过 20 分		
10	加工时间	90 min 后尚未开始加工终止考试；360 min 后，每超过 1 min 扣 1 分，390 min 时，停止考试						
11	总分	25 分						
记录员		监考人		检验员		考评人		

考核评价

考评一　考核检验

学习配合类零件数控加工的考核评价如表 6-11 所示。

表 6-11　考核评价表

项　　目	序号	考核内容及要求	学生自评	学生互评	教师评价
数控加工工艺的设计	1	装夹方案的合理性			
	2	加工路线和工序划分的合理性			
	3	刀具和切削用量选择的合理性			
编制零件加工程序	4	螺纹配合件编程的正确性			
	5	锥度配合件编程的正确性			
	6	零件简化特征编程的合理性			
零件加工与检测	7	数控车床操作的安全性			
	8	加工零件的正确性			
	9	检测加工零件的精度(附考核评分表)			
综合评价	10	考核评价标准:(优、良、中、合格、不合格) 纪律情况(20%)　　考核情况(80%)			

考评二　学习反思

对配合类零件数控加工的学习反思如表 6-12 所示。

表 6-12　学习反思类型及内容

类　　型	内　　容
掌握知识	
掌握技能	
收获体会	
需解决的问题	
学生签名	

考评三　评价成绩

学习配合类零件数控加工的评价成绩如表 6-13 所示。

表 6-13　评价及成绩

学生自评	学生互评	综合评价	实训成绩	
			技能考核(80%)	
			纪律情况(20%)	
			实训总成绩	
			教师签名	

拓展内容

拓展一 数控车床程序的质量

程序的质量是衡量数控程序员水平的关键指标，其判定标准归纳如下。

(1)完备性：即不存在加工残留区域。

(2)误差控制：包括插补误差控制、残余高度(表面粗糙度)控制等。

(3)加工效率：即在保证加工精度的前提下加工程序的执行时间。

(4)安全性：指程序对可能出现的让、漏、撞刀及过切等不良现象的防范措施和效果。

(5)工艺性：包括进/退刀、刀具选择、加工工艺规划(如加工流程及余量分配等)、切削方式(刀轨形式选择)、接刀痕迹控制以及其他各种工艺参数(如进给速度、主轴转速、切削方向、切削深度等)的设置等。

(6)其他：如机床及刀具的损耗程度、程序的规范化程度等。

在评价数控程序质量的各项指标中，有一部分存在着一定程度的矛盾。例如，残余高度决定了加工表面的粗糙度，从加工质量来看，残余高度越小，加工表面质量越高，但加工效率就会降低。所以，在进行数控编程时，不能片面追求加工效率，而应综合权衡各项指标，在满足产品的质量要求及一定的加工可靠性的基础上提高加工效率。

拓展二 数控加工工序卡片

数控加工工序卡主要用于反映使用的辅具、刀具规格、切削用量、切削液、加工工步等内容，它是操作人员配合数控程序进行数控加工的主要指导性工艺资料。工序卡应按已确定的工步顺序填写。数控车床加工工序卡片的格式如表 6-14 所示。

表 6-14 数控加工工序卡片

(单位)	数控加工工序卡片		产品名称或代号		零件名称	零件图号
工艺序号	程序编号	夹具名称	夹具编号		使用设备	车 间
工步号	工步内容(加工面)	刀具号	刀具规格	主轴转速/(r/mm)	进给速度/(mm/min)	背吃刀量/mm
编制		审核		批准		共____页 第____页

拓展三　数控加工刀具卡片

数控车床刀具卡片详细记录了每一把数控刀具的刀具编号、刀具结构、组合件名称代号、刀片型号和材料等，它是组装刀具和调整刀具的依据。

数控加工刀具卡片是调刀人员调整刀具输入的主要依据。数控车床加工刀具卡的格式如表 6-15 所示。

表 6-15　数控加工刀具卡片

零件图号	零件名称		材料	数控加工刀具卡片			程序编号		车间	使用设备
刀号	刀尖号	刀具名称	刀具号	刀具			刀补地址		加工部位	
				位置/mm		刀尖圆弧半径/mm	直径	长度		
				X 向	Z 向					
编制		审核		批准			年　月　日	共____页	第____页	

拓展四　数控加工机床调整单

机床调整单是机床操作人员在加工前调整机床的依据。它主要包括机床控制面板开关调整单和数控加工零件安装、零点设定卡片两部分。

机床控制面板开关调整单，主要记有机床控制面板上有关“开/关”的位置，如进给量 f、调整旋钮位置或超调（倍率）旋钮位置、刀具半径补偿旋钮位置或刀具补偿拨码开关组数值表、垂直校验开关及冷却方式等内容。

数控加工零件安装和零点（编程坐标系原点）设定卡片（简称装夹和零点设定卡），它标明了数控加工零件定位方法和夹紧方法，也标明了工件零点设定的位置和坐标方向及使用夹具的名称和编号等。装夹图和零点设定卡片格式如表 6-16 所示。

表 6-16　工件装夹图和零点设定卡片

<table>
<tr><td>零件图号</td><td></td><td colspan="2" rowspan="2">数控加工工件装夹和零点设定卡片</td><td>工序号</td><td></td></tr>
<tr><td>零件名称</td><td></td><td>装夹次数</td><td></td></tr>
<tr><td colspan="4" rowspan="3">（零点设定简图）</td><td></td><td></td></tr>
<tr><td></td><td></td></tr>
<tr><td></td><td></td></tr>
<tr><td>编制</td><td>审核</td><td>批准</td><td>第___页</td><td></td><td></td></tr>
<tr><td></td><td></td><td></td><td>共___页</td><td>序　号</td><td>夹具名称</td><td>夹具图号</td></tr>
</table>

拓展五　数控加工程序单

数控加工程序单是编程员根据工艺分析情况，经过数值计算，按照机床特点的指令代码编制的。它是记录数控加工工艺过程、工艺参数、位移数据的清单以及手动数据输入（MDI）和置备控制介质、实现数控加工的主要依据。数控车床加工程序单的格式如表 6-17 所示。

表 6-17　数控车床加工程序单

<table>
<tr><td colspan="2">图纸号</td><td colspan="2">零件名称</td><td colspan="2">编程人员</td><td>编程时间</td><td>审核</td><td colspan="2">批准</td></tr>
<tr><td colspan="2"></td><td colspan="2"></td><td colspan="2"></td><td></td><td></td><td colspan="2"></td></tr>
<tr><td rowspan="2">顺序号</td><td rowspan="2">程序名</td><td colspan="5">刀具</td><td rowspan="2">加工
余量</td><td rowspan="2">理论加工时间</td><td rowspan="2">备注</td></tr>
<tr><td>刀具号</td><td>类型</td><td>材质</td><td>主轴转速 n</td><td>进给速度 F</td></tr>
<tr><td>1</td><td></td><td></td><td></td><td></td><td></td><td></td><td></td><td></td><td></td></tr>
<tr><td>2</td><td></td><td></td><td></td><td></td><td></td><td></td><td></td><td></td><td></td></tr>
<tr><td>3</td><td></td><td></td><td></td><td></td><td></td><td></td><td></td><td></td><td></td></tr>
<tr><td>4</td><td></td><td></td><td></td><td></td><td></td><td></td><td></td><td></td><td></td></tr>
<tr><td>5</td><td></td><td></td><td></td><td></td><td></td><td></td><td></td><td></td><td></td></tr>
<tr><td>6</td><td></td><td></td><td></td><td></td><td></td><td></td><td></td><td></td><td></td></tr>
<tr><td>7</td><td></td><td></td><td></td><td></td><td></td><td></td><td></td><td></td><td></td></tr>
<tr><td>8</td><td></td><td></td><td></td><td></td><td></td><td></td><td></td><td></td><td></td></tr>
<tr><td>9</td><td></td><td></td><td></td><td></td><td></td><td></td><td></td><td></td><td></td></tr>
<tr><td>10</td><td></td><td></td><td></td><td></td><td></td><td></td><td></td><td></td><td></td></tr>
<tr><td colspan="6">装夹定位示意图：</td><td colspan="4">说明：
1. 装夹方式——

2. X,Z 加工原点——</td></tr>
</table>

思考练习

一、选择题

1. ________的工件不适于在数控机床上加工。

A. 普通机床难加工　　B. 毛坯余量不稳定

C. 精度高　　D. 形状复杂

2. 在制订零件的机械加工工艺规程时，对单件生产，大都采用________。

A. 工序集中法　　B. 工序分散法　　C. 流水作业法　　D. 其他

3. 具有自保持功能的指令称________指令。

A. 模态　　B. 非模态　　C. 初始态　　D. 临时

4. M05 表示主轴________转动。

A. 顺时针　　B. 逆时针　　C. 停止　　D. 以上都不是

5. 同一程序段中，下列格式不正确的是________。

A. U_、X_　　B. U_、Z_　　C. U_、W_　　D. X_、Z_

二、判断题

(　　)1. 轮廓形状复杂，对加工精度要求较高的零件，一般选择普通机床加工。

(　　)2. 零件结构工艺性的好坏是相对的，它将随着科学技术的发展和客观条件的不同而不同。

(　　)3. 螺纹指令 G32 X41 W43 F1.5 表示以 1.5 mm/min 的速度加工螺纹。

(　　)4. 配合加工不需要考虑选用粗、精两种基准的问题。

(　　)5. G01 为模态指令，可由 G00、G02、G03 或 G33 功能注销。

三、简答题

1. 简述锥度配合加工步骤。

2. 数控加工工序卡片有什么作用？

3. 在配合零件的加工中，什么是数控机床的定位精度和重复定位精度？

四、编程题

运用所学指令编写如图 6-14 所示零件的加工程序。工件材料为 45 钢，坯料长度110 mm，直径 50 mm。

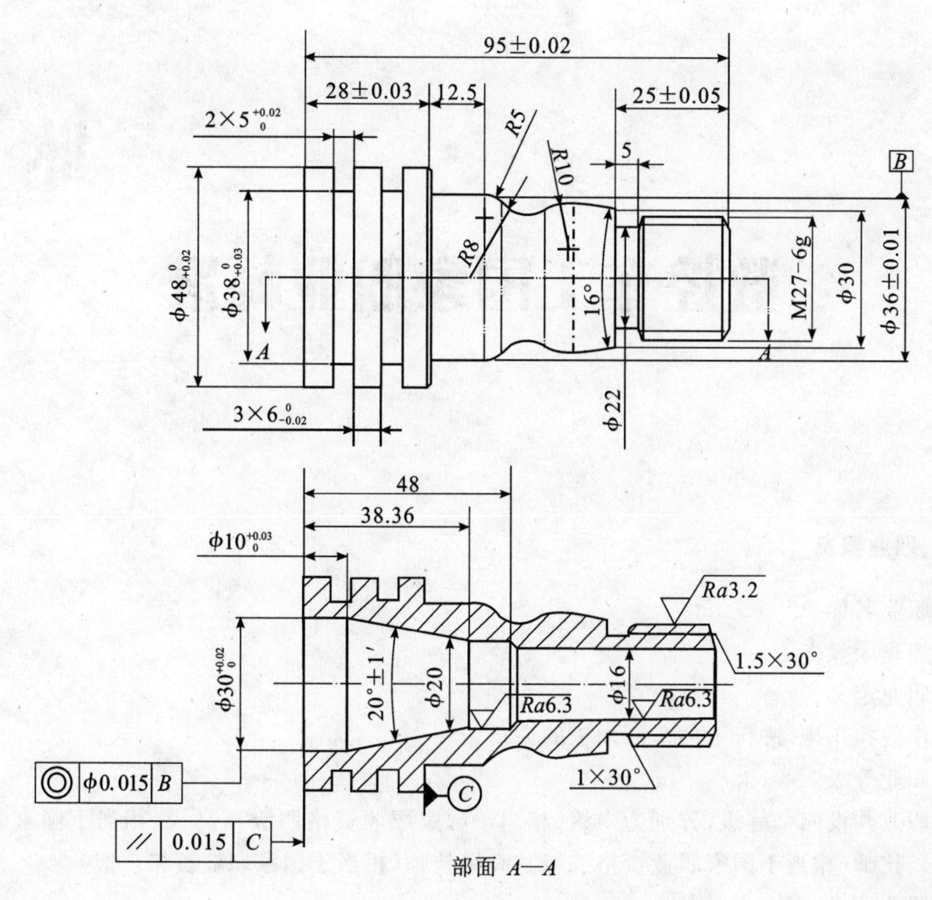

图 6-14　零件图样

附录

数控车工国家职业标准

一、职业概况

1.职业名称

数控车床操作工。

2.职业定义

操作数控车床，进行工件车削加工的人员。

3.职业等级

本职业共设四个等级，分别为中级(相当于国家职业资格四级)、高级(相当于国家职业资格三级)、技师(相当于国家职业资格二级)、高级技师(相当于国家职业资格一级)。

4.职业环境

室内、常温。

5.职业能力特征

具有较强的计算能力和空间感、形体知觉及色觉，手指、手臂灵活，动作协调。

6.基本文化程度

高中毕业(含同等学力)。

7.培训要求

1)培训期限

全日制职业学校教育，根据其培养目标和教学计划确定。晋级培训期限：中级不少于400标准学时；高级不少于300标准学时。

2)培训教师

基础理论课教师应具备本科及本科以上学历，具有一定的教学经验；培训中、高级人员的教师应具备本职业技师以上职业资格证书或本专业中级以上专业技术职务任职资格；培训技师的教师应具备本职业高级技师职业资格证书或本专业高级专业技术职务任职资格；培训高级技师的教师应具备本职业高级技师职业资格证书两年以上或本专业高级专业技术职务任职资格。

3)培训场地设备

满足教学需要的标准教室；数控车床及完成加工所需的工件、刀具、夹具、量具和机床辅助设备；计算机、正版国产或进口 CAD/CAM 自动编程软件和数控加工仿真软件等。

8.鉴定要求

1)适用对象

从事和准备从事本职业的人员。

2)申报条件

(1)中级(具备以下条件之一者)。

①取得相关职业(指车、铣、镗工，以下同)初级职业资格证书后，连续从事相关职业 3 年以上，经本职业中级正规培训达规定的标准学时，并取得毕(结)业证书。

②取得相关职业中级职业资格证书后，且连续从事相关职业 1 年以上，经本职业中级正规培训达规定的标准学时数，并取得毕(结)业证书。

③取得中等职业学校数控加工技术专业或大专以上(含大专)相关专业毕业证书。

(2)高级(具备以下条件之一者)

①取得本职业中级职业资格证书后，连续从事本职业 4 年以上，经本职业高级正规培训达规定的标准学时数，并取得毕(结)业证书。

②取得本职业中级职业资格证书后，连续从事本职业工作 7 年以上。

③取得高级技工学校或经劳动保障行政部门审核认定的、以高级技能为培养目标的高等职业学校本专业毕业证书。

④具有相关专业大专学历，并取得本职业中级职业资格证书后，连续从事本职业工作两年以上。

3)鉴定方式

分为理论知识考试、软件应用考试和技能操作考核三部分。理论知识考试采用闭卷笔试方式，软件应用考试采用上机操作方式，根据考题的要求，完成零件的几何造型、加工参数设置、刀具路径与加工轨迹的生成、代码生成与后置处理和数控加工仿真。技能操作考核在配置数控车床的现场采用实际操作方式，按图纸要求完成试件加工。

4)考评员和考生的配备

理论知识考核每标准考场配备两名监考员；技能考试每台设备配备两名监考人员；每次鉴定组成 3～5 人的考评小组。

5)成绩评定

由考评小组负责，三项考试均采用百分制，皆达到 60 分以上者为合格。理论知识与软件应用由考评员根据评分标准统一阅卷、评分与计分。操作技能的成绩由现场操作规范和试件加工质量两部分组成，其中操作规范成绩根据现场实际操作表现，按照评分标准，依据考评员的现场纪录，由考评小组集体评判成绩；试件质量依据评分标准，根据检测设备的实际检测结果，进行客观评判、计分。

6)鉴定时间

各等级理论知识考试和软件应用考试时间均为 120 min；各等级技能操作考核时间：中级不少于 300 min；高级不少于 360 min；技师不少于 420 min；高级技师不少于 240 min。

7)鉴定场所、设备

理论知识考试在标准教室进行；软件应用考试在标准机房进行，使用正版国产或进口CAD/CAM自动编程软件和数控加工仿真软件；技能操作考核设备为数控车床、工件、夹具、量具、刀具、机床附件及计算机等必备仪器设备，具体技术指标可参考如下要求。

(1)数控车床技术指标要求如表附1所示。

表附1　技术指标

项　目	参　数
床身上最大工件回转直径	≥200 mm
最大工件长度	≥500 mm
主轴转速范围，无级变速	≥50 r/min
定位精度	X:0.025 mm Z: 0.03 mm (GB/T 16462——1996)
重复定位精度	X:0.008 mm Z:0.01 mm (GB/T 16462——1996)
回转刀架工位数	≥4

(2)切削刀具：每台数控车床配备6把以上相应刀具和规定数量的刀片，部分刀具为焊接刀具，要求自行刃磨。

(3)测量工具：每台数控车床配备检验试件加工精度和表面粗糙度所需的量具。

二、基本要求

1.职业道德

1)职业道德基本知识

2)职业守则

(1)爱岗敬业，忠于职守。

(2)努力钻研业务，刻苦学习，勤于思考，善于观察。

(3)工作认真负责，严于律己，吃苦耐劳。

(4)遵守操作规程，坚持安全生产。

(5)着装整洁，爱护设备，保持工作环境的清洁有序，做到文明生产。

2.基础知识

1)数控应用技术基础

(1)数控原理与机床基本知识(组成结构、插补原理、控制原理、伺服原理等)。

(2)数控编程技术(含手工编程和自动编程，内容包括程序格式、指令代码、子程序、固定循环、宏程序等)。

(3)CAD/CAM软件使用方法(零件几何造型、刀具轨迹生成、后置处理等)。

(4)机械加工工艺原理(切削工艺、切削用量、夹具选择和使用、刀具的选择等)。

2) 安全文明生产与环境保护

(1)安全操作规程。

(2)事故防范、应变措施及记录。

(3)环境保护(车间粉尘、噪音、强光、有害气体的防范)。

3) 质量管理

(1)企业的质量方针。

(2)岗位的质量要求。

(3)岗位的质量保证措施与责任。

4) 相关法律、法规知识

(1)劳动法相关知识。

(2)合同法相关知识。

三、工作要求

本标准以国家职业标准《车工》中关于数控中级工、高级工、技师、高级技师的工作要求为基础，以国家高技能人才培训工程——数控工艺培训考核大纲和职业院校数控技术应用专业领域技能型紧缺人才培养培训指导方案为补充，适当增加新技术、新技能等相关知识形成。各等级的知识和技能要求依次递进，高级别包括低级别的要求。

表附 2

职业功能	工作内容	技能要求	相关知识
一、工艺准备	(一)读图与绘图	1. 能读懂主轴、蜗杆、丝杠、偏心轴、两拐曲轴、齿轮等中等复杂程度的零件工作图 2. 能读懂零件的材料、尺寸公差、形位公差、表面粗糙度及其他技术要求 3. 能手工绘制轴、套、螺钉、圆锥体等简单零件的工作图 4. 能读懂车床主轴、刀架、尾座等简单机构的装配图 5. 能用 CAD 软件绘制简单零件的工作图	1. 复杂零件的表达方法 2. 零件材料、尺寸公差、形位公差、表面粗糙度等的基本知识 3. 简单零件工作图的画法 4. 简单机构装配图的画法 5. 计算机绘制简单零件工作图的基本方法
	(二)制订加工工艺	1. 能正确选择加工零件的工艺基准 2. 能决定工步顺序、工步内容及切削参数 3. 能编制台阶轴类和法兰盘类零件的车削工艺卡	1. 数控车床的结构特点及其与普通车床的区别 2. 台阶轴类、法兰盘类零件的车削加工工艺知识 3. 数控车床工艺编制的方法
	(三)工件定位与夹紧	使用、调整三爪自定心卡盘、尾座顶尖及液压高速动力卡盘并配置软爪	1. 定位、夹紧的原理及方法 2. 三爪自定心卡盘、尾座顶尖及液压高速动力卡盘的使用、调整方法
	(四)刀具准备	1. 能依据加工工艺卡选取合理刀具 2. 能在刀架上正确装卸刀具 3. 能正确进行机内与机外对刀 4. 能确定有关切削参数	1. 数控车床刀具的种类、结构、特点及适用范围 2. 数控车床对刀具的要求 3. 机内与机外对刀的方法 4. 车削刀具的选用原则

续表

职业功能	工作内容	技能要求	相关知识
二、编程技术	(一) 手工编程	1.正确运用数控系统的指令代码，编制带有台阶、内外圆柱面、锥面、螺纹、沟槽等轴类、法兰盘类中等复杂程度零件的加工程序 2.能手工编制含直线插补、圆弧插补二维轮廓的加工程序	1.几何图形中直线与直线、直线与圆弧、圆弧与圆弧交点的计算方法 2.机床坐标系及工件坐标系的概念 3.直线插补与圆弧插补的意义及坐标尺寸的计算 4.手工编程的各种功能代码及基本代码的使用方法 5.刀具补偿的作用及计算方法
	(二) 自动编程	CAD/CAM软件编制中等复杂程度零件程序，包括粗车、精车、打孔、换刀等程序	1.CAD线框造型和编辑 2.刀具定义 3.CAM粗精、切槽、打孔编程 4.能够解读及修改软件的后置配置，并生成代码
	(三)数控 加工仿真	1.数控仿真软件基本操作和显示操作 2.仿真软件模拟装夹、刀具准备、输入加工代码、加工参数设置 3.模拟数控系统面板的操作 4.模拟机床面板操作 5.实施仿真加工过程以及加工代码检查 6.利用仿真软件手工编程	1.常见数控系统面板操作和使用知识 2.常见机床面板操作方法和使用知识 3.三维图形软件的显示操作技术 4.数控加工手工编程
三、基本操作与维护	(一) 基本操作	1.能正确阅读数控车床操作说明书 2.能按照操作规程启动及停止机床 3.能正确使用操作面板上的各种功能键 4.能通过操作面板手动输入加工程序及有关参数，能进行机外程序传输 5.能进行程序的编辑、修改 6.能设定工件坐标系 7.能正确调入/调出所选刀具 8.能正确修正刀补参数 9.能使用程序试运行、分段运行及自动运行等切削运行方式 10.能进行加工程序试切削并作出正确判断 11.能正确使用程序图形显示、再启动功能 12.能正确操作机床完成简单零件外圆、孔、台阶、沟槽等加工	1.数控车床操作说明书 2.操作面板的使用方法 3.手工输入程序的方法及外部计算机自动输入加工程序的方法 4.程序的编辑与修改方法 5.机床坐标系与工件坐标系的含义及其关系 6.相对坐标系、绝对坐标系的含义 7.程序试切削方法 8.程序各种运行方式的操作方法 9.程序图形显示、再启动功能的操作方法
	(二) 日常维护	1.能进行加工前机、电、气、液、开关等常规检查 2.能在加工完毕后，清理机床及周围环境 3.能进行数控车床的日常保养	1.数控车床安全操作规程 2.日常维护的方法与内容

续表

职业功能	工作内容	技能要求	相关知识
四、工件加工	(一)盘、轴类零件	能加工盘、轴类零件，并达到以下要求： 1.尺寸公差等级：IT7 2.形位公差等级：IT8 3.表面粗糙度：$Ra3.2\ \mu m$	1.内外径的车削加工方法与测量方法 2.孔加工方法
	(二)等节距螺纹加工	能加工单线和多线等节距的普通三角螺纹、T形螺纹、锥螺纹，并达到以下要求： 1.尺寸公差等级：IT7 2.形位公差等级：IT8 3.表面粗糙度：$Ra3.2\ \mu m$	1.常用螺纹的车削加工方法 2.螺纹加工中的参数计算
	(三)沟、槽加工	能加工内径槽、外径槽和端面槽，并达到以下要求： 1.尺寸公差等级：IT8 2.形位公差等级：IT8 3.表面粗糙度：$Ra3.2\ \mu m$	内径槽、外径槽和端面槽的加工方法
五、精度检验	(一)高精度轴向尺寸测量	1.能用量块和百分表测量零件的轴向尺寸 2.能测量偏心距及两平行非整圆孔的孔距	1.量块的用途及使用方法 2.偏心距的检测方法 3.两平行非整圆孔孔距的检测方法
	(二)内、外圆锥检验	能用正弦规检验锥度	正弦规的使用方法及测量计算方法
	(三)等节距螺纹检验	能进行单线和多线等节距螺纹的检验	单线和多线等节距螺纹的检验方法

四、比重表

1.理论知识

表附3

项　目		中　级			
基本要求	一、职业道德	5			
	二、基础知识	25			
相关知识	一、工艺准备	20			
	二、编制程序	20			
	三、机床维护	5			
	四、工件加工	15			
	五、精度检验	10			
	六、培训指导				
	七、管理工作				
合计		100			

2.技能操作

表附 4

项　　目		中　　级			
工作要求	一、工艺准备	10			
	二、编制程序	15			
	三、机床维护	10			
	四、工件加工	60			
	五、精度检验	5			
合计		100			

参考文献

[1] 杨后川,梁炜.机床数控技术及应用[M].北京:北京大学出版社,2005.

[2] 田萍.数控机床加工工艺及设备[M].北京:电子工业出版社,2009.

[3] 张伦玠,徐伟,胡涛.数控车床职业技能鉴定强化实训教程[M].武汉:华中科技大学出版社,2006.

[4] 崔兆华.数控车工(中级)[M].北京:机械工业出版社,2007.

[5] 沈建峰,虞俊.数控车工(高级)[M].北京:机械工业出版社,2007.